動物学者による
世界初の生き物

屁事典

ヘビってオナラするの?

THE DEFINITIVE FIELD
GUIDE TO ANIMAL FLATULENCE

DOES IT FART?

ニック・カルーソ 生態学者　ダニー・ラバイオッティ 動物学者
Nick Caruso & Dani Rabaiotti

イーサン・コサック イラスト　訳 永井二菜
Ethan Kocak

First published in 2017 by Quercus in Great Britain
Japanese translation published by arrangement with
Quercus Editions Limited through The English Agency (Japan) Ltd.

はじめに

この本が誕生するまで

著者のニックとダニーはツイッターで、日ごろから自分の研究についてつぶやき、科学者仲間と交流している。ツイッターには生態学者や動物学者が集まるコミュニティ（通称サイエンス・ツイッター）があり、2人はこのコミュニティを通して情報を交換し、プロジェクトに参加し、議論を戦わせてきた。

あの運命の日、「ヘビって、オナラするの?」と家族に聞かれたダニーは答えに詰まってしまった。しかし、答えを知っている人物なら知っていた。それは当時、アメリカ・アラバマ州のオーバーン大学で保全生態学《ほぜんせいたい》を研究していたデイヴィッド・スティーン氏だ。彼はヘビ博士でもある。そのスティーン氏がツイッターでのダニーの問いかけに対し、「はあっ（ため息）するよ」と回答を投稿してくれたのだ。それを見たサイエンス・ツイッターのメンバーは動物学者は頻繁《ひんぱん》に「●●って、オナラするの？」という質問を受けることに気づいた。そこでニックが「#オナラするか」というハッシュタグを拡散させると、科学の力が結集し、あっという間にデータベースが完成。多数の研究者、学者、ペットの飼い主が生き物のオナラに関する情報を共有してくれたのだ（情報提供者の氏名とアカウントは本書の巻末にまとめてある）。次のステップは、言うまでもなく、その情報を一冊の本にすることだった。こうして本書が誕生したのである。

そもそもオナラとは？

専門的には「腸内ガス（flatulence）」といい、「肛門から排出されるガス」と定義される。さらに厳密に言えば「消化の過程で作り出されるガス」であり、作り出される場所は一般的に胃または腸、あるいはその両方である。著者のダニーとニックは本書で腸内ガスについて論じているが、本来の専門分野ではない。

「オナラ（fart）」という言葉が「腸内ガス」に先立って登場したのは14世紀ごろだ。当時は音の出るオナラだけがオナラだった。今では解釈が広がり、動物の「下の口」から出る気体全般を指すようになった。「下の口」は肛門でも、総排出口《そうはいしゅつこう》でも、水管《すいかん》でもかまわないし、音はしてもしなくてもいい。本書ではそれをオナラの定義とする。これから紹介する動物のオナラは必ずしも「腸内ガス」の定義に当てはまらないかもしれないが、普通の人はオナラとみなすだろう。

ひと口にオナラと言っても食事の内容、健康状態、腸内環境によって回数やにおいが変わる。例えば、ブロッコリーなど食物繊維《せんい》の豊富な野菜や豆類、乳糖を含む乳製品、デンプンや果糖を多く含む食品はオナラを増やす一因だ（これは動物にも当てはまるはずだが、立証するには詳しい研究が必要）。確かに、子供のころに口ずさんだオナラの歌にも豆や芋が出てきた。消化に時間がかかり、腸内に長くとどまる食物も放屁《ほうひ》を促す。

二酸化炭素を主成分とするオナラは大部分が無臭だが、高濃度の硫黄《いおう》を含む肉類や芽キャベツなどを食べると、体内で硫化水素《りゅうかすいそ》が発生し、オナラのにおいも腐った卵のようになることがある。ジアルジア症などの寄生虫による感染症や大腸の病気、食物アレルギーもオナラの回数やにおいに影響する。また、腸内に共生するバクテリアなどの微生物（いわゆる腸内フローラ）が密集していると、オナラがさかんに出ることがある。

目次

file. 1

ニシン

分類：ニシン属《ぞく》

オナラ　する・しない

【オナラ信号で仲間とやりとり】

ニシン属の海水魚は200種あまりが世界中に分布しており、なかには放屁《ほうひ》を芸術の域にまでレベルアップさせたものがいる。ニシン（パシフィック・ヘリング）とタイセイヨウニシン（アトランティック・ヘリング）の

2種は水面に浮上して吸い込んだ空気を浮き袋にためておき、FRT（Fast Repetitive Tickの略。意訳すると、高速反復音）にして肛門管《こうもんかん》から噴射するのだ。

FRTの「高音屁短調《こうおんへたんちょう》」は1.7〜22キロヘルツで0.6〜7.6秒間続く。ニシンはほかの魚類に比べて聴覚が優れており、群れが密集するほどFRTを出すことから、FRTを交信手段にしていると考えられる。ニシンはこうして仲間を見つけ、群れからはぐれないようにしているのだ。とくに、お互いの姿が見えなくなる夜間はFRTが効果を発揮し、群れをなして天敵から身を守ることができる。そんな音を立てたら腹をすかした捕食者に見つかりそうなものだが、FRTの周波数はほとんどの天敵には聞こえない。いわば、仲間だけに通じる秘密のオナラ信号だ。ただし、海に生息する哺乳類《ほにゅうるい》（そして人間も！）には聞き取れる音域なので、ニシンの群れを探知する手がかりになるだろう。

file.2

ヤギ

学名：Capra aegagrus hircus

オナラ　する・しない

【空の上でも歌の中でもガスを放出】

ヤギはウシ科の仲間で、ウシ（148ページ）と同じく胃が4つに分かれている。胃の中にはメタンを作り出すバクテリアが多数いて、植物の消化を促進し、ガスを量産する。そのガスはオナラよりもゲップとして出るほうが圧倒的に多いが、ヤギはオナラもしっかりするので、ガスまみれの動物となっている。2015年、2000頭のヤギを乗せたクアラルンプール行きの航空機が緊急着陸を余儀《よぎ》なくされた。機上のヤギがおび

ただしい量のガスを出したため、火災報知器が作動してしまったのだ。

家畜のヤギとそのオナラは1万年以上も前から人間の暮らしに溶け込んできた。それはヤギが頑丈な体を持ち、乳を出してくれるおかげだ。中世から歌い継がれてきた英語の歌に『夏は来たりぬ（Summer is icumen in）』※という1曲がある。夏の風物をテーマにしているが、その歌詞に「雄牛はとび跳ね、雄ヤギは屁をひる」というくだりがある。文化的に重要なのはヤギだけではない。ヤギのオナラも同じだ。

※訳注　現存する最古のカノンといわれるイギリスの声楽曲

file.3

アリゾナサンゴヘビ

学名：Micruroides euryxanthus

オナラ

する・しない

【尾を上げて威嚇放屁《いかくほうひ》】

鮮やかな体色《たいしょく》のアリゾナサンゴヘビは比較的広範囲に分布し、アメリカのアリゾナ州全域とニューメキシコ州の一部、そしてメキシコのソノラ州とその周辺で見ることができる。有毒動物ではあるが、他の毒ヘビと同じで、積極的に外敵に咬《か》みつくことはない。その代わり、第一の自己防衛手段として非常に珍しい行動に出る。危険を察知すると、体を丸めて頭部を隠し、尾を上げて総排出口《そうはいしゅつこう》（ヘビの排泄器《はいせつき》）から空気を取り込んで、思い切り放出するのだ。こうして2.5キロヘルツ相当の破裂音（いわゆる威嚇放屁）を響かせ、相手を牽制《けんせい》する。このときの破裂音はヒト（170ページ）のオナラの「高音短発」バージョンに似ており、なんと2m先まで聞こえる！　この威嚇放屁にどれだけ効果があるかは残念ながら確認されていないが、目立つ色の体や毒牙《どくが》でも敵をびらせて、どうにか身を守っているようだ。

威嚇放屁はヘビとしては珍しい。しかし、ハナエグレヘビの仲間にも同じ習性をもつものがいる。こちらのヘビは、のたうち回って腸壁《ちょうへき》を体の外に出しながら破裂音を立てる。それに比べれば、アリゾナサンゴヘビの威嚇放屁はまだ上品だ。

file. 4

ヒヒ

分類：ヒヒ属《ぞく》

オナラ　する・しない

【百年の恋も冷める爆音】

現生する５種はアフリカ全域に分布し、そのうちのマントヒヒ（学名：Papio hamadryas）はアラビア半島の一部でも見られる。ヒヒは２００万年以上前から地球に生息しており、社会性が極めて高い。トゥループと呼ばれる群れは２５０頭（通常は50頭前後）の大所帯になることがあり、小さな群れがさらにグループを作る高度な社会を形成して統制のとれた集団生活を送る。そのなかで放屁《ほうひ》は意外に重要な役割を果たすことがある。ヒヒも、ほかの霊長類《れいちょうるい》と同様に、悪びれもせず頻繁《ひんぱん》にオナラをする。メスは発情期になると性器や尻が赤く膨《ふく》らみ、交尾の準備ができたことをオスに示す。そして、このタイミングで放屁も盛んになるらしい。単純に音量が上がるだけかもしれないが、いずれにしても百年の恋も冷めてしまいそう！

群れのオス同士はしょっちゅう、いさかいを起こす。たいていは立場の弱い方が途中で逃げ出す。逃げるときは奇声を発し、脱糞《だっぷん》し、放屁する。研究者たちは、その放屁音を頼りに群れの居所を特定する（94ページのチンパンジーを参照）。ヒヒは草木の陰に身を隠す名人だから、オナラの音は貴重な手がかりだ。

*file.*5

ヤスデ

分類：倍脚綱《ばいきゃくこう》

オナラ　する・しない

【オナラと体格が正比例】

ヤスデの仲間が倍脚類《ばいきゃくるい》と呼ばれるのは、ほかの節足《せっそく》動物とは異なり、胴部の各体節《たいせつ》に2対ずつ脚が付いているからだ。ヤスデの消化器系はじつにシンプルで、これまた多くの節足動物とは異なり、食物を一時的に貯蔵しておく嗉嚢《そのう》がない。食べたものはあっという間に消化管を通過するから、急いで分解する必要がある。そこで助っ人になるのが腸内に共生するメタン生成菌《せいせいきん》という古細菌《こさいきん》である。この単細胞微生物が餌《えさ》（主に朽木《くちき》

や落葉）の発酵《はっこう》分解を促し、その過程でメタンが作り出される。

メタン生成菌の種類はヤスデの種によって違うが、メタンの生産量は種を問わず体の大きさに比例する。つまり、でかいヤスデほど、でかいオナラをするのだ。そして、ほかの昆虫《こんちゅう》類と同じく、温帯よりも熱帯に生息する種のほうが、体が大きい。従って、後者のほうが大量のガスを出す。最大種のアフリカオオヤスデ（学名：Archispirostreptus gigas）は全長が38㎝、脚が256本ほどあり、アフリカ東部の平地林を主な生息域（放屁域）にしている。

file.6

ケカゲロウ※

学名：Lomamyia latipennis

オナラ　する・しない

【シロアリだけに効く化学屁器《かがくへーき》】

ケカゲロウと呼ばれる昆虫《こんちゅう》の仲間は数百種いるが、その生態（とくに幼生期）はほとんど分かっていない。分かっているのは、この昆虫が南極を除く各大陸に分布するということだ。この分布域は昆虫仲間のシロアリ（60ページ）とかぶっている。じつはケカゲロウの多くは幼虫の時期をシロアリのそばで過ごす。成虫はシロアリの巣に隣接する朽木《くちき》に卵を産みつけ、孵化《ふか》した幼虫はシロアリの巣に寄生し、巣内の働きアリを巧妙な

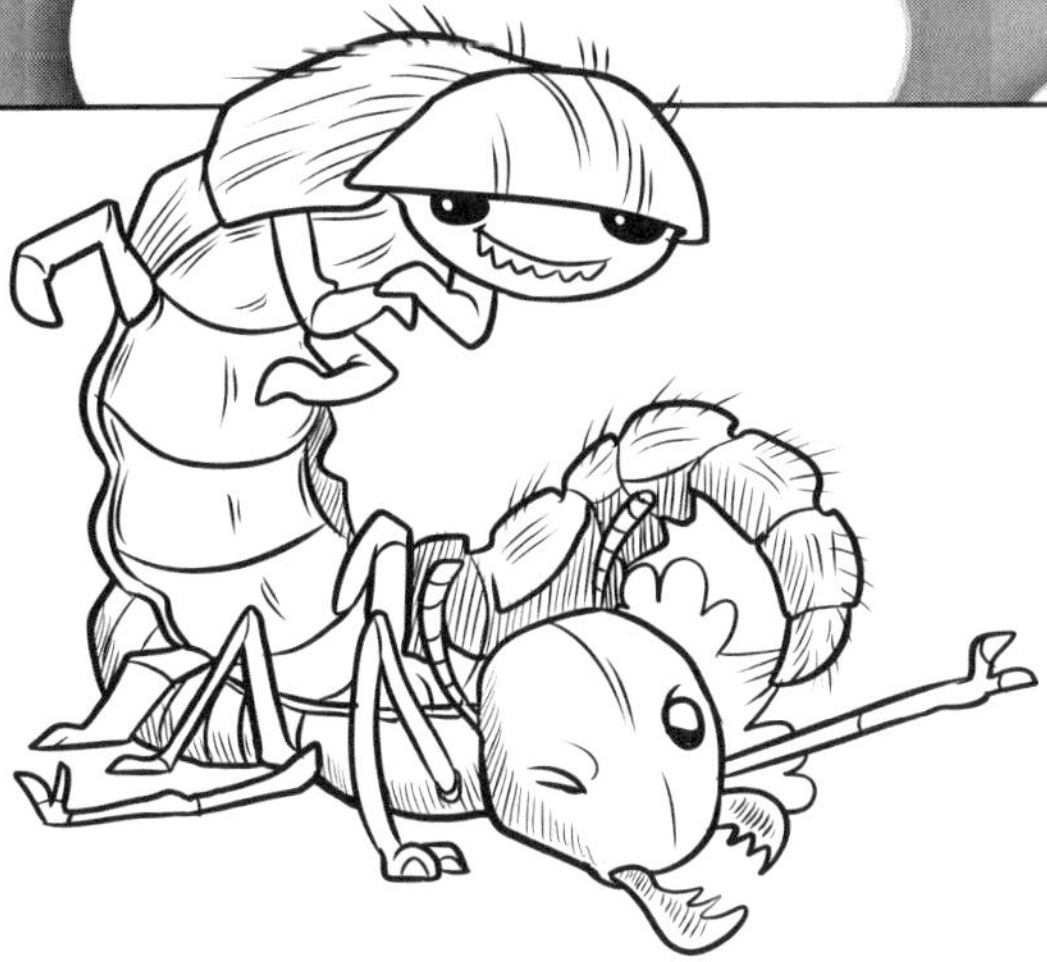

手口で捕殺する。

種によっては、とんでもない奇襲攻撃を仕掛ける幼虫がいる――獲物に向けて屁をかますのだ！　尾を持ち上げ、シロアリの頭めがけて強力なアロモン（シロアリに作用する化学物質）をお見舞いし、シロアリを麻痺《まひ》させてから捕食する。このアロモンはケカゲロウ自身や他種の昆虫には害がない。つまり、巣内のシロアリだけをターゲットにした化学兵（屁）器であり、動物界では珍しい「死を呼ぶオナラ」である。

※訳注　ケカゲロウの一種。日本のケカゲロウとは異なる種。

file. 7

ウマ

学名：Equus ferus caballus

オナラ　する・しない

【腸の長さは顔以上】

ウマは代表的な屁こき動物である。なぜなら、ウシ（148ページ）やレイヨウなどのウシ科の動物とは違って、食物を消化するための発酵《はっこう》の場が後腸《こうちょう》にあるからだ。ウマが食べた植物は胃と小腸を通過したあと、主に結腸《けっちょう》で発酵する。植物はセルロースを多く含むので消化するのは容易ではない。そこでウマの結腸は、バクテリアや原生生物から成る、腸内フローラを駆使《くし》して内容物を分解しなくてはいけない。

どんな発酵にもガスはつき物だが、ウマの場合は大量に出る！　ウマの結腸はおよそ3.5ｍと非常に長く、ガスが作り出される時間とスペースを提供している。結腸は消化管の最後部にあり肛門に近いので、腸内で作り出されたガスはオナラとなって頻繁《ひんぱん》に、そしてふんだんに放出される。ウマの放屁《ほうひ》は時間も場所も選ばない。それはウマに接してみれば、誰にでも分かるだろう。一方で、腸内フローラはウマの健康維持に欠かせないビタミンやミネラルも作り出している。そう考えれば、オナラというおまけくらい屁でもない。

file. 8

カンガルー

分類：カンガルー属《ぞく》

オナラ

する？　しない

【オナラで地球を救うはずだった】

かつてカンガルーは放屁《ほうひ》科学の期待の星だった。何年もの間、研究者たちはウシのメタン排出を減らすため、カンガルーの腸内細菌をウシに移植しようと涙ぐましい努力を続けてきた。それは、なぜか。ウシが排出するおびただしいメタンは気候変動の一因であるのに対し、カンガルーが放つオナラにはごく低量のメタンしか含まれていないと考えられていたからだ。

ところが、オーストラリアのウーロンゴン大学のアダム・マン博士の研究により、カンガルーのオナラに含まれるメタンの量は想定した以上に多いことが判明。それでもウシ（148ページ）などの反芻《けんすう》動物に比べれば少ないが、カンガルーの排出量を体重1kgあたりに換算すると、ほかの動物とさほど変わらず、ウマ（24ページ）などの後《こう》腸発酵《ちょうはっこう》動物と同じくらいのレベルだという。また、カンガルーの体内でメタンの発生がウシより少ない理由は、腸内細菌よりも消化管の構造にあることが分かった。カンガルーは前胃《ぜんい》で発酵を行うので、摂取した植物は前胃の微生物によって酸素なしで嫌気的《けんきてき》に分解され、後続の消化管に送られる。要するに、カンガルーが食べた物はあっという間に胃腸を通過するため、ガスが作り出されるひまがほとんどないのだ。そんなわけで、残念ながらカンガルーのオナラが環境問題の解決に役立つことはなさそうである。

file. 9

ボルソンパプフィッシュ

学名：Cyprinodon atrorus

オナラ　する・しない

【オナラが生死の分かれ目】

この淡水魚はカダヤシの仲間で、メキシコ北部のクアトロ・シエネガス自然保護区の固有種《こゆうしゅ》だ。つまり、生息（放屁《ほうひ》）するのは、この保護区の浅い池の中だけである。そして、これほど「名は体《たい》を表す」動物もめずらしい。ボルソンパプフィッシュ（Bolson pupfish）のpupはドイツ語のスラングで「オナラ」を意味する。

この珍魚は池底の水生《すいせい》生物や藻《も》を食べる。池の水は温度も塩分濃度《のうど》もたえず変化する。

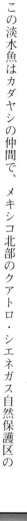

夏場のいちばん暑い時期には藻に気泡《きほう》が付き、ボルソンパプフィッシュはその気泡と一緒に藻を摂取する。すると、体内にガスがたまって腹部がはり、全身のバランスが崩れてうまく泳げず、体が浮いてしまうのだ。本来は砂底に潜っているのが好きな魚だが、ガスがたまると、砂底から水面へと繰り返し浮かび上がってしまう。これを解消するにはオナラをするしかない。オナラを出せば、体勢が戻って正常に遊泳できる。しかし、オナラが出ないと水面に浮かんだままになり、サギなどの鳥類に狙われやすくなる。また、ガスだまりが重症化すると、腸が破裂し、死に至ることがある。実際、それが原因で一度に300匹が死んだケースもあるのだ。この魚の場合、オナラは出すだけでなく、連発したほうがいい。なにしろ「出すか死ぬか」の一大事なのだから。

*file.*10

リカオン

学名：Lycaon pictus

オナラ　する・しない

【ペットに向かない臭気】

リカオンはイヌ科の肉食獣だ。社会性が高く、2～26頭が群れをなし、集団で生活する。群れのメンバーは一丸《いちがん》となって子育てにあたる。繁殖《はんしょく》を行うのはリーダー格のオスとメスだけで、ほかのメンバーは1組のペアから生まれた幼獣《ようじゅう》を世話する。リカオンは群れで狩りをすることが多く、自分よりもはるかに大きなインパラやヌーなどをチームワークで仕留める。巣穴に幼獣がいるときは1頭が留守番として残り、外敵から幼獣を守る。その間にほかのメンバーは狩りに出かけて獲物を捕食したあと、幼獣と留守番役の分を口に含んで巣に持ち帰る。

狩りから戻ると、メンバー同士が挨拶を交わし、喜びを分かち合う（仲間の口からおみやげが出てくるのだから、嬉しくなるのも分かる）。リカオンの難点を挙げるとしたら、所かまわず排泄《はいせつ》し、ついでにオナラをすることだ。1950年代の論文には「不快な臭気を発するため、家庭で飼育するにはいささか難がある」と記されている（ペットに向かない理由はそれだけではないが）。リカオンは、ただでさえ体臭がきつい。そのにおいを愉快とするか不快とするかは研究者の間でも意見が分かれている。

*file.*11

コウモリ

分類：翼手目《よくしゅもく》

オナラ　する・するかも

【食べて出すまで40分弱！】

コウモリは現在までに1200種以上確認されているが、実際にはもっと多いはずだ。というのも、一部のコウモリは非常に見分けがつきにくいからである。研究者は種を特定するために、しばしば小さな歯を観察し、場合によってはエコロケーション（反響《はんきょう》定位《ていい》）の音波を録音しなくてはいけない。コウモリがオナラに似た音を立てるとしたら、それは喉《のど》から出たものだろう。小型のココウモリ（大型のオオコウモリはエコロケーションをしない）が発する音波はバラエティに富んでいて、高音のオナラにそっくりな音色もある。

コウモリも哺乳類《ほにゅうるい》である以上は放屁《ほうひ》するだろうし、腸内にはそれなりの細菌もいる。ところが、コウモリは餌《えさ》を消化するのがめちゃくちゃ速い。食べたものを体内にとどめたままで空中を飛べば、かなりの体力を消耗してしまうからだ。最大種のフライング・フォックス（オオコウモリ属）は体重が１kgに達することもあるが、それですら口から入ったものが肛門から出るまでに12～34分しかかからない。従って、オナラは出ないか、出るとしても聞き取れる音量ではないだろう。コウモリの放屁をめぐっては動物学者の間でも確かな結論は出ていない。ひとつ確かなのは、コウモリがオナラをするのであれば、体格が大きければ音も大きいということである。

file. 12

カツオノエボシ

学名：Physalia physalis

オナラ　する・しない

【ガスのもとも出口もない】

カツオノエボシはクラゲに似ている。クラゲと同じ刺胞《しほう》動物だが、クラゲではない。それどころか、いろいろな点で動物とも言いがたい。ひとつの個体に見えるカツオノエボシだが、じつは役割の違う多数の個虫《こちゅう》から成る群体《ぐんたい》だ。主に小魚などの獲物を捕まえるのは指状《しじょう》個虫の役目で、棘《とげ》のある触手《しょくしゅ》を使う。捕えた獲物は別の個虫（栄養個虫）が取り込み、獲物に消化酵素《こうそ》をかけて、ゆっくりと液状にする（おいしそう？）。

その途中でガスが発生したり、たまったりするチャンスはどこにもない。第一、カツオノエボシは肛門や消化管をもたないので放屁《ほうひ》のしようがないのだ。しかし、気体を放つ器官がひとつある。気《き》胞体《ほうたい》という浮き袋だ。カツオノエボシはこの浮き袋のおかげで浮力を保ち、風の向くまま海面を漂っていられる。

file.13

オウム

分類：オウム目《もく》

オナラ

する・しない

【オナラのモノマネもうまい】

ここで科学はグレーゾーンに突入する。86ページで解説しているとおり、鳥類は放屁《ほうひ》しない。ところが、この本を書くためにデータを集めていたら、オナラをするオウムの報告が多数寄せられたばかりか、ネット上にも無数の実例がアップされている。これはいったい、どうしたことか。

言うまでもなく、オウムは声帯《せいたい》模写《もしゃ》の名人だ。人間や動物の声色はもちろん、テレビ

のノイズまでマネをする。アフリカにいる灰色のオウム目、ヨウム（学名：Psittacus erithacus）のアレックス君は100以上の単語を覚え、物や色を言い当てることができた。2016年のアメリカのミシガン州の裁判では、殺人事件の証拠としてオウムを提出することが検討された。このオウムは飼い主が射殺されるのを目撃してから「撃つな」という文句を連発するようになったという。つまり、報告にあったオウムのオナラは「屁理屈《へりくつ》」とまでは言わないが、正確にはオウムによるオナラのモノマネだ。オウムが立てる放屁音は尻ではなく喉《のど》から出る！

*file.*14

ユニコーン

神話上：一角獣《いっかくじゅう》

オナラ　する・しない

【幻の動物のオナラの正体は？】

ウマ（24ページ）がするなら、ユニコーンもする――そう考えて、まず間違いないだろう。ユニコーンは「額《ひたい》の中央に1本の角《つの》がある馬」と称される。

ユニコーン実在説のルーツはじつはギリシャ

神話ではなく、ギリシャの自然史にある。当時の学者はこの一角獣を「インドの森に生息する動物」と表現した。今にして思えば、その動物はアラビアオリックス（学名：Oryx leucoryx）だった可能性が高い。たぶん片方の角を失ったアラビアオリックスを見て、ユニコーンと決めつけたのだろう。オリックスはウシ（148ページ）の仲間で放屁《ほうひ》するから、学者が目撃した「ユニコーン」にも同じことが言える。一方、神話の中で語り継がれてきたユニコーンの正体は、氷河期を生きた大型獣エラスモテリウム（学名：Elasmotherium）かもしれない。この巨大なサイも額の中央に立派な一角があった。現生のサイ（44ページ）がさかんにオナラをするのだから、絶滅したエラスモテリウムだってオナラをしたに違いない。ユニコーンは幻の動物かもしれないが、実在すれば放屁するのは確実だ。ただし、そのオナラが虹色に輝くかどうかは動物の専門家でも分からない。

*file.*15

イソギンチャク

分類：イソギンチャク目《もく》

オナラ

する・しない

【オナラもどきをすかす】

イソギンチャクには肛門がなく、消化器らしいものもほとんどないので、厳密に言えばオナラは出ない。開口部がひとつあり、その奥の胃水管腔《いすいかんこう》（イソギンチャクの胃に相当）で摂取したものを消化する。ちなみに、この開口部は口と肛門を兼ねている。イソギンチャクの触手《しょくしゅ》に捕まった小型の水生《すいせい》生物は、触手《しょくしゅ》の刺胞《しほう》に含まれる毒針に刺され、丸飲みされて、胃水管腔に送られる。

不幸にしてイソギンチャクの餌食《えじき》になると、丸飲みされたあとも毒針攻撃を受けなくてはいけない。胃水管腔の内部には食べた物を分解する隔膜糸《かくまくし》という器官があり、この器官も刺胞を含んでいるのだ。イソギンチャクはたったの15分で消化を終える。消化できない殻や骨などは口（&肛門）から吐き出す。イソギンチャクは身の危険を感じると、口（&肛門）から隔膜糸を放ち、外敵を威嚇《いかく》する。この威嚇行動はガスの出番こそないものの、強力なすかしっ屁と言えるかもしれない。

*file.*16

クモ

分類：クモ目《もく》

オナラ

する・誰も知らない

【研究（費）不足でいまだミステリー】

どうしたわけかクモの放屁《ほうひ》は研究されたためしがないが、それでも消化器系に手がかりを見い出すことはできる。クモは消化の大部分を体の外で行う。獲物を毒牙《どくが》で仕留めた後、消化酵素《こうそ》を含む唾液《だえき》を獲物に注入し、外骨格《がいこっかく》や外皮《がいひ》の下の組織が分解されて液状化するのをじっと待つ。そして、ドロドロになった部分を吸飲し、胃に流し込み、再び獲物に消化液を注入し、吸飲する。クモはこの作業を何度も繰り返すが、それはクモの消化器が液体しか受けつけないからだ。つまり固形物はＮＧである！　クモは体外消化を繰り返す間に空気を一緒に飲み込むはずで、それがオナラのもとになる可能性がある。

クモが吸飲したごちそうは中腸《ちゅうちょう》の盲嚢《もうのう》という器官で栄養分が吸収される。そのあと糞《ふん》嚢《のう》に送られて脱水され、最後は肛門から排出される。糞嚢には内容物を分解する働きもあるので、このときガスが発生してもおかしくない。従って、クモが放屁する可能性は確かにあるのだが、それを裏づける研究はいまだゼロ。真実は、待望の研究費が割り当てられるまで闇の中である。

file.17

サイ

分類：サイ科

オナラ　する・しない

【長い、大きい、臭いの三拍子】

現生する5種のうち、代表種のクロサイ（学名：Diceros bicornis）とシロサイ（学名：Ceratotherium simum）はアフリカに、インドサイ（学名：Rhinoceros unicornis）、ジャワサイ（学名：Rhinoceros sondaicus）、スマトラサイ（学名：Dicerorhinus sumatren-

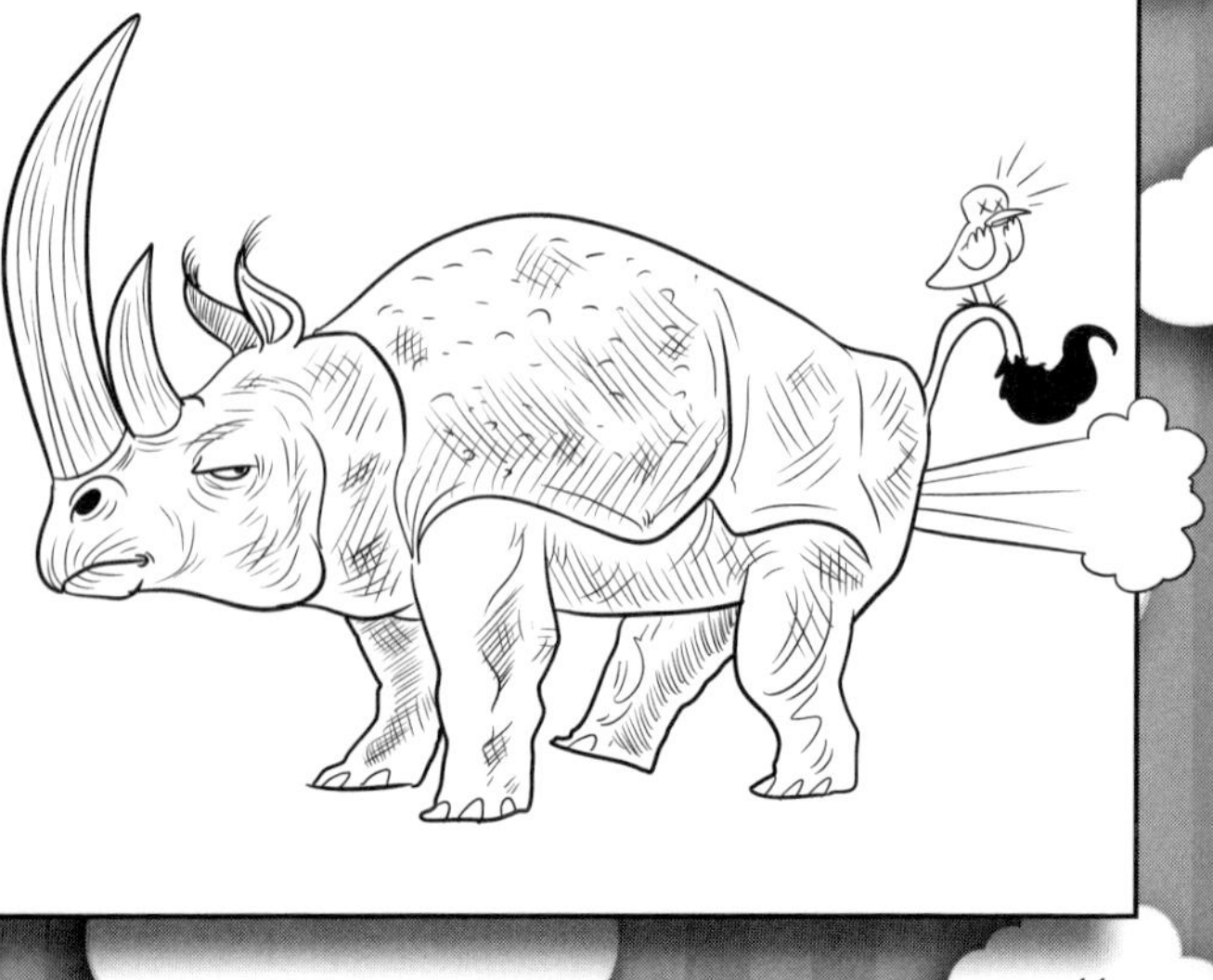

sis）はアジアに分布する。サイはウマ（24ページ）と同様に後腸発酵動物《こうちょうはっこうどうぶつ》だ。コンスタントに植物を食べては胃と小腸に送り、後腸で発酵する。サイはウマよりもはるかに大型だから、オナラの量もはるかに多い。アフリカの低木地で間近に観察すると分かるのだが、サイが草をはみながら、長くて大きなオナラを響かせることは決してめずらしくない。しかも、そのオナラはとてつもなく臭い。あまりの臭さに酒造りの用語になったほどである。アルコールの発酵に使われるイースト菌は硫化水素《りゅうかすいそ》を発生させ、ひどい硫黄《いおう》臭を放つが、業界ではこの悪臭を「サイのオナラ（rhino fart）」と呼ぶ。

そんなサイのオナラも、悲しいことに、最近ではめっきり聞かれなくなった。現生する5種は角《つの》を目当てとした乱獲によって、どれも絶滅の危機にある。とくにスマトラサイ、ジャワサイ、クロサイの減少は深刻で、野生のスマトラサイとジャワサイを合わせた個体数は250頭以下になっている。

*file.*18

ゾウ

分類：ゾウ科

オナラ　する・しない

【ガーリックライスでにおい消し】

現生するのはアフリカゾウ（学名：Loxodonta africana）とアジアゾウ（学名：Elephas maximus）の2種で、アフリカゾウの一部は作業用として丸太の運搬《うんぱん》などをになう。体格から想像できるように、ゾウのオナ

ラはにおいもボリュームも満点だ。象使いの人たちは「悪臭対策」として、炒めたニンニクを米に混ぜてゾウに与える。このレシピはオナラの消臭に効果があるらしいが、どうしてなのかは分かっていない。

野生のゾウは一日の大半を食べることに当てる。ゾウが餌《えさ》にする植物はセルロースを多く含み、消化するのは容易ではない。ゾウはサイ（44ページ）やウマ（24ページ）と同じく後腸発酵動物《こうちょうはっこうどうぶつ》だ。消化管が非常に長く、その中に生息する細菌が樹皮など消化の難しいものを分解する。ゾウがここまで巨体になったのは、消化器の構造によるところが大きい。ゾウが食べたものは、反芻《はんすう》動物の場合とは異なり、胃の中にとどまることなく結腸《けっちょう》までスムーズに運ばれ、比較的短時間で体外に排出される。つまり、後腸を発酵の場とする動物は次々と食物を摂取できるので、大型になり得るのだ。この愛すべき巨獣が世の中に存在するのも、臭いオナラを量産する消化器のおかげである。

file. 19

フトアゴヒゲトカゲ

分類：アゴヒゲトカゲ属《ぞく》

オナラ

する・しない

【悪臭のもとはカボチャ？】

フトアゴヒゲトカゲはオーストラリア原産のアゴヒゲトカゲ属の仲間だ。縄張り意識が強く、ライバルを撃退するときは「あごひげ」（正確にはあご下の皮膚）を膨《ふく》らませて威嚇《いかく》する。この威嚇行動はオスにもメスにも見られる。アゴヒゲトカゲ属のなかでもフトアゴヒゲトカゲはペットとして人気が高い。

そのオナラはしばしばウンチと同時に出て、ときどき音を立てる。水につかっているときは、とくに観察しやすい。放屁《ほうひ》したあとはビバリウム（爬虫類《はちゅうるい》用の飼育ケースまたは水槽）が臭うので、すぐに気づくと多くの飼い主は証言する。

野生のフトアゴヒゲトカゲは究極の雑食性で、小型の爬虫類や哺乳類《ほにゅうるい》、昆虫《こんちゅう》のほかに花や果実まで食べる。弱い毒をもっており、自分よりも大きな獲物をおとなしくさせるために使うが、この毒は人体には害がない。飼育下では果物や野菜のほかに昆虫を餌《えさ》にするのが一般的だ。一部の飼い主によると、南アメリカ原産のカボチャであるバターナッツ・スカッシュを与えたあと、とくにオナラが臭くなるとか。

*file.*20

チーター

学名：Acinonyx jubatus

オナラ

する・しない

【意外な食物がオナラを促進】

地上最速の動物として名高いチーターはネコ科の仲間で、かつてはアフリカのほぼ全域とアラビア半島からインドにかけて分布していた。それが今ではアフリカの分布域は10分の1になり、野生での生息数はイラン中央の砂漠地帯と合わせても、わずか6700頭ほどになってしまった。

チーターも、近縁のライオン（56ページ）やボブキャット（120ページ）やユキヒョウ（146ページ）と同じで完全な肉食だ。主に有蹄類《ゆうているい》のガゼルやインパラなどを捕食する。大量の肉を消化すると、腸内で腐敗《ふはい》毒素が発生し、特有の臭いオナラが出る。チーターの消化の仕組みを研究したところ、消化管内に残った消化されない物（動物の骨、軟骨《なんこつ》、コラーゲン）が発酵《はっこう》を助けていることが分かった。消化できないものに腸内細菌が付着することで発酵が進み、大量のガスが作り出され、最後は大量のオナラとなって放たれる。

*file.*21

シマウマ

分類：ウマ属《ぞく》

オナラ

する・しない

【逃げっ屁が大平原に鳴り響く】

現存するのはサバンナシマウマ（学名：Equus quagga）、グレビーシマウマ（学名：Equus grevyi）、ヤマシマウマ（学名：Equus zebra）の3種である。シマウマといえば白黒の縞《しま》模様がいちばんの特徴だろう。なぜこういう模様になったのかは研究者の間で意見が分かれる。木陰に入ると保護色になるからという説もあれば、逃走時に追手の目をくらますためという有力説もある。また、シマウマは縞のパターンで群れの仲間を識

別するので、個々の縞はＩＤ《アイディー》の代わりなのかもしれない。最近では縞模様が吸血性のハエをよけるのに役立つことが分かった。

縞模様になった本当の理由は分からないが、いろいろメリットがあるのは確かなようだ。シマウマはウマ（24ページ）の家畜種に近く、放屁《ほうひ》の特徴もウマと似ている。そのオナラはアフリカのサバンナに大きく響き渡る。とくに、びっくりして逃げ出すときはにぎやかだ。疾走によって腸の動きが活発になり、大地を蹴るたびに大音量をとどろかすのである。

*file.*22

恐竜

分類：恐竜上目《きょうりゅうじょうもく》

オナラ

する・もうしない

【一日のメタン排出量は約2kg！】

恐竜は爬虫類《はちゅうるい》の分岐群のなかで、とくにバラエティ豊かだ。2億4300万年前から2億3100万年前にかけて地上を闊歩《かっぽ》していたが、大量絶滅により、ほとんどの種が姿を消した。現生する鳥類（86ページ）は羽毛の生えた獣脚類《じゅうきゃくるい》恐竜（マニラプトル類）の子孫であり、オナラはしない。だから、祖先の獣脚類もしなかったはずだ。一方、竜《りゅう》脚類《きゃくるい》の恐竜は放屁《ほうひ》したと考えるのが妥当である。ありし日の竜脚類は今の大型草食獣

に似て、もっぱら草を食べ、体格に見合う大きな消化管をもち、植物に含まれるセルロースを後腸《こうちょう》で発酵《はっこう》していた。その腸内には、食物のエネルギーを吸収するメタン生成菌《せいせいきん》が生息していたらしい。研究者の試算によると、竜脚類1頭が一日に排出したメタンは1.9kg！

恐竜の腸内にどんな微生物が共生していたかを特定するのは難しい。なにしろ、6600万年前に死に絶えてしまったのだから。ひとつ確かなのは二度とオナラをしないということである。

file.23

ライオン

学名：Pantheera leo

オナラ　する／しない

【放屁《ほうひ》も放尿《ほうにょう》も百獣の王】

「ジャングルの王者」と称えられるライオンだが、実際は、その呼び名に反してジャングルに暮らすことはほとんどない。主な生息域はアフリカとインドのサバンナ、低木地帯、乾燥した森林地帯だ。また、狩りのほとんどはオスではなくメスが担当する。群れの獲物の9割はメスが仕留めるという調査結果もある。一方のオスは一日のうち最長20時間もウトウトしている！　ライオンもほかのネコ科と同じで肉食獣だ。そのためすさまじいにおいのオナラをするとの報告が入っている。野生のライオンの寿命は10～14年で、メスのほうが長生きだ。飼育下では30年生きることもあり、高齢になると放屁の頻度《ひんど》が増す。

もうひとつのにおいのもとはマーキングである。オスは縄張りのあちこちに尿をひっかけ、フンをこすりつけて「ここは俺のもの」と主張する。オシッコは3m近く飛ぶそうだから、たとえ大きな爪や牙が怖くなくても、むやみにライオンには近づかないほうがいい。

file.24

キンギョ

学名：Carassius auratus

オナラ　する・しない

【長いフンはオナラ入り】

キンギョは非常に人気の高いペットだ。本格的に飼育されるようになったのは約1000年前。現在、家庭で飼われているキンギョはイギリス国内だけで3000万匹を超える。古代中国ではフナを養殖《ようしょく》する習慣があり、突然変異《とつぜんへんい》によって黄色やオレンジ色のフナが生まれることがあった。そんな「金の魚」の一番古い記録は紀元前975年にさかのぼる。黄金色の魚は縁起《えんぎ》物とされ、1240年ごろには観賞用としてさかんに飼育されるようになった。そんなキンギョも今では300種を超え、ペットとしてダントツの人気を誇る。

それだけ多くの人が飼っているにもかかわらず、キンギョの放屁《ほうひ》が観察されることはまれである。キンギョの腸内にもガスを作り出す細菌はいるが、キンギョのガスは肛門管よりも口から出るほうが圧倒的に多い。めったにオナラをしないのは、腸内のガスをフンと一緒に粘膜《ねんまく》に包んで出すからだろう。もしペットのキンギョがオナラをしたら、お腹を壊しているのかもしれない。

*file.*25

シロアリ

分類：等翅目《とうしもく》

オナラ

する・しない

【ガスも積もれば温暖化効果】

シロアリのオナラは大量だ。というよりも、シロアリは放屁《ほうひ》する動物で、その数が半《はん》端《ぱ》ではない。地球に生息するシロアリの重さを足すと全人類の体重の合計を上回る。この昆虫《こんちゅう》のオナラは、地球温暖化の一因であるメタンを含んでいる。1匹が一日に排出するメタンは0.5μg（マイクログラム。0.5μgは100万分の1gの半分！）。大した量には思えないかもしれないが、シロアリは地上でもっとも繁殖《はんしょく》している種のひとつ。南極を除く各大陸に分布し、1個の巣に最大で数百万匹が生息することを考えれば、ちりも積もれば何とやら、である。地球全体のメタン排出量のうち、シロアリによるものはわずか5～19パーセント（温室効果ガス全体の0・27パーセント程度）とみられるが、それでも極小の昆虫が出す量にしてはすさまじい！　シロアリが地球に出現してから1億年あまり。その間、大気中に大量のメタンを放ってきたわけだが、現時点でメタンの年間排出量の63パーセントは農業、化石燃料の消費、ごみの廃棄といった人為《じんい》によるものだから、地球温暖化をシロアリのせいばかりにはできない。私たち人間の責任だ。

さすがのシロアリもオナラに関しては勝てない相手がいる。一部のケカゲロウ（22ページ）に有毒なオナラをお見舞いされ、食べられてしまうからである。

*file.*26

クジラ

分類：クジラ目《もく》

オナラ

する！ しない

【放屁《ほうひ》現場を抑えるのは至難《しなん》の業《わざ》】

お祭しのとおり、クジラのオナラはとてつもなくでかい。とくに地球上最大の動物であるシロナガスクジラ（学名：Balaenoptera musculus）はオナラの規模も動物界で一番だろう。クジラの消化管は体格と同様にスケールが大きく、胃が数室に

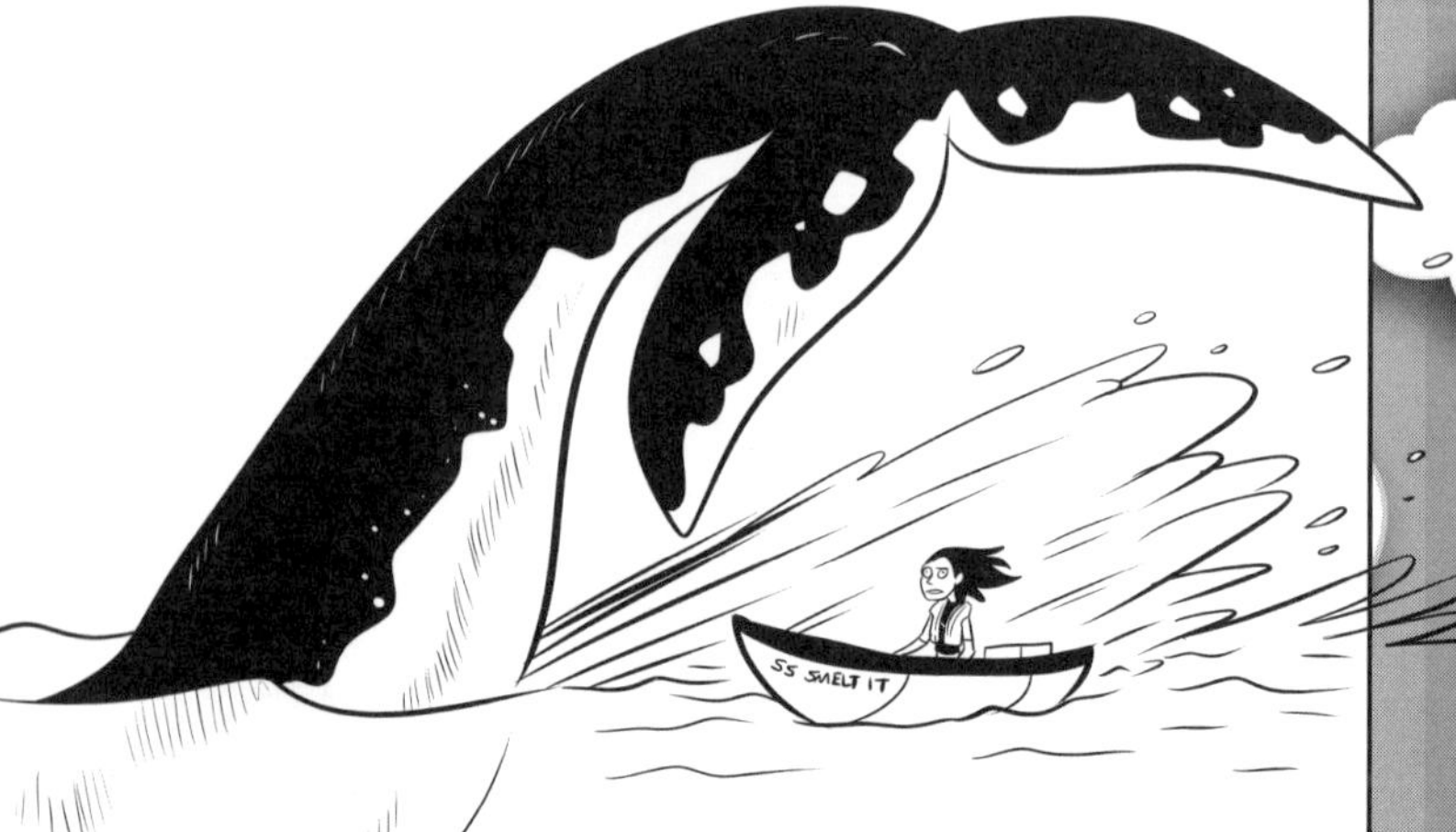

分かれている。シロナガスクジラの胃の容量は1t《トン》にも達する（旧約聖書のヨナ書にあるとおり、ヒト一人を飲み込むには充分な大きさだが、その手前の食道でつかえてしまいそう）。クジラの胃には餌《えさ》を分解するバクテリアが数多く共生し、ヒゲクジラの場合はプランクトン、ハクジラの場合は魚を分解する過程で大量のガスが出る。

クジラの放屁は特大級だが、その現場を抑えるのは至難の業だ。カメラにとらえられたことも数えるほどしかない。たまたま風下にいた野外調査員たちは「鼻が曲がるほど」強烈なにおいだったと口を揃える。しかし、それならまだましだ。クジラのサプライズはオナラだけではすまない。死んだクジラは海岸に打ち上げられることがあるが、そうなると腐敗《ふはい》が急速に進み、体内にガスが充満して破裂することがある。2004年に台湾で起きた一件では、クジラの亡骸《なきがら》が市内を輸送中に破裂し、周辺の建物や見物人に腐った内臓を浴びせた。

file.27

アフリカスイギュウ

学名：Syncerus caffer

オナラ

する・しない

【オナラとゲップが半端《はんぱ》ない】

アフリカスイギュウは大型の反芻《はんすう》動物で、成獣《せいじゅう》のオスは体重が1000kgに達することもある。主食は消化の悪い草だが、これだけの体を維持するには膨大《ぼうだい》な量を食べなくてはいけない。アフリカスイギュウの胃はウシ（148ページ）と同じで4室に分かれており、オナラとゲップの量が半端ではない。ある研究によると、アフリカスイギュウ1頭が一日に排出するガスは最大で318ℓ。これは大型冷凍庫の容量に相当する。スイギュウの群れが1000頭にもなることを思うと、どれだけのオナラになるのやら！

恐ろしいのは、それだけではない。この巨大獣は左右の角《つの》が連結した大きな角を生やしており、捕食者にとっては手ごわい相手である。実際、アフリカスイギュウをターゲットにする肉食獣はライオン（56ページ）や大型のワニなど数えるほどしかいない。ごくまれに怖いもの知らずのブチハイエナ（118ページ）が集団で襲いかかることがある。スイギュウ（とくに大型のオス）は想定外の行動に出ることがあり、ヒトに危害を加える可能性もある。また、体格の割には木立に身を隠すのがうまい。しかし、上下の口から放たれる爆音が周囲の動物にとって警報になるだろう。

file.28

ドブネズミ

学名：Rattus norvegicus

オナラ

する・しない

【豆を食べてピーッ】

原産地はアジアとみられるが、世界各地に持ち込まれた結果、南極を除く各大陸に分布するようになった。ペットとしておなじみの「ファンシーラット」はドブネズミの家畜種で、興行《こうぎょう》用のネズミとして18~19世紀にイギリスで繁殖《はんしょく》されたのが始まりである。当時イギリスでは、囲いの中に複数のネズミを放ち、テリア犬が何分で仕留められるかが賭けの対象になった。やがてファンシーラットの美しい毛色に注目する人々（ビクトリア女王に仕えたネズミ駆除《くじょ》業者ジャック・ブラックもその一人）が現れ、ペット用として繁殖させたのが、現在の愛らしいファンシーラットである。

こうしてビクトリア時代の上流階級にも愛されてきたドブネズミは今でもコンスタントに放屁《ほうひ》し、そのにおいは人間の鼻にもしっかり届く。とくにファンシーラットは飼い主の前でオナラをする習性があるらしく、至近《しきん》距離で悪臭を嗅《か》がされた飼い主はまさに「袋のネズミ」だ。実験用のラットを用いた研究によると、ネズミは豆類を与えると頻《ひん》繁《ぱん》にオナラが出るそうで、その点は（音量の違いはあるが）ヒトと変わらない。豆類はオリゴ糖を豊富に含んでおり、ネズミ（そしてヒト）の消化管はこの糖を消化するのが苦手なので、大量のガスが発生するのだ。

file.29

ラーテル

学名：Mellivora capensis

オナラ

する・しない

【ミツバチもおびえるガス攻撃】

かつてミツアナグマと呼ばれたラーテルは不気味なルックスと高い知能で知られるイタチ類だ。「世界一怖いもの知らずの動物」と言われ、ライオン（56ページ）やスイギュウ（64ページ）などの大型獣にも立ち向かう。

口に入らないものは何もない。蜂蜜《はちみつ》、爬《は》虫類《ちゅうるい》、両生類、鳥類、昆虫《こんちゅう》、果実のベリー類から動物の死骸《しがい》や毒ヘビまで食べる。

ラーテルの体はハイリスクなライフスタイルに適応している。鉤爪《かぎつめ》は大きく、顎《あご》は頑丈で、歯牙《しが》は鋭く、皮膚は分厚い。要するに、めっぽう丈夫でケガに強いのだ。しかし、隠し玉と言うべき武器は発達した肛門腺《こうもんせん》だろう。マーキングだけでなく、好物の蜂蜜を確保するときにも使う。肛門腺から出るただならぬにおいは、巣の中のミツバチをびびらせるのにうってつけ。研究者によると、肛門腺攻撃を受けたハチたちは悪臭から逃れるようにして巣の奥で縮こまっていているとか。あまりの威力に「ハチの巣まで全滅させるのでは?」と噂された時期もあるが、それが事実でないことは証明されている。ともあれ、ラーテルはオナラもするが(こちらのにおいも相当らしい)、それ以上にきつい悪臭のもとは別にある!

file.30

キリン

分類：キリン属《ぞく》

オナラ　する・しない

【長い首は悪臭よけ？】

キリンは1種しかいないとされてきたが、2016年に遺伝子を詳しく調べたところ、少なくとも4種に区分できることが分かった。それぞれの種は体の模様で大まかに見分けられる。

キリンは最大級の反芻《はんすう》動物だ。記録を見る限り、最大のオスは頭頂までの高さが6m近くあり、体重は1100kgを超えることもある。キリンは体格と同じで胃が大きく、

胃の中には植物の消化に適した多様な微生物が生息し、消化の過程で大量のガスを作り出す。ただし、反芻動物にしてはガスの量は控えめだ。というのもキリンは口に入れるものをえり好みし、植物のなかでも果実や花など消化の良い部分しか食べないからである。いちばんの好物はアカシアだ。つまり、アフリカスイギュウ（64ページ）などの反芻動物よりも食物の消化が速いだけに、ガスが作り出される時間も短いのである。キリンのオナラは異臭を放つが、当のキリンは屁とも思わないだろう。キリンの鼻は自分の尻からも、仲間の尻からも遠く離れたところにある！　進化ってすばらしい。

*file.*31

シマスカンク

学名：Mephitis mephitis

オナラ　する？しない

【スカンク臭はオナラにあらず】

スカンクは臭い動物の代名詞だ。シマスカンクは12種以上から成るスカンク属の仲間であり、カナダ、北アメリカ、メキシコ北部に分布する。何でも口に入れる雑食性で、主食の昆虫《こんちゅう》のほかに小型の哺乳類《ほにゅうるい》、爬虫類《はちゅうるい》、両生類を捕食し、ベリー類、木の実、木の根をつまみ、海岸沿いに生息するものは魚やカニも口にする。都市部に住むスカンクはゴミをあさるので、とくにオナラが臭くなるようだ。

しかし、いわゆるスカンク臭はオナラによるものではない。スカンクの肛門には両脇に腺《せん》があり、その中にチオールという硫黄含有《いおうがんゆう》化合物を含む分泌液《ぶんぴつえき》が入っている。スカンクは危険を察知すると、その分泌液を両腺から噴射し、最長で3ｍも飛ばす。そのきわどい悪臭は2㎞先にいる人間の鼻にも届くほど。スカンクのスプレー攻撃は天敵を牽《けん》制《せい》するのに抜群の威力を発揮する。おかげで、スカンクを捕って食おうとする動物はほとんどいないが、ワシミミズクなど一部の猛禽類《もうきんるい》はスカンクに忍び寄り、すばやくさらってスプレー攻撃を避ける。論文によれば、スカンクは確かに放屁《ほうひ》する。しかし、それを確かめたい一心で接近するのはお勧めできない！

*file.*32

アカギツネ

学名：Vulpes vulpes

オナラ　する・しない

【愛犬家には悪夢のマーキング】

アカギツネの分布域は肉食獣のなかでもっとも広く、北は北極圏から南はアフリカ北部まで北半球全域に及ぶ。オーストラリアにも持ち込まれたが、希少な鳥獣を捕食してしまい、やっかいな害獣《がいじゅう》と見られている。

イヌ科のアカギツネはコンスタントにオナラをするが、においのもとはほかにもある。オシッコや臭腺《しゅうせん》から出る分泌物《ぶんぴつぶつ》をふりまきマーキングするのだ。多くのキツネは都市部に生息し、人家の庭や道路に糞尿《ふんにょう》を付けることがよくある。人間なら拒絶反応を起こしかねないマーキングだが、イヌ（110ページ）にとっては魅力的。キツネがマーキングしたところに喜んで体をこすりつけるイヌは少なくないので、愛犬家にとっては悪夢である。さらなる悪夢はキツネの腸に潜む寄生虫だ。下痢《げり》やガスだまりを引き起こす寄生虫が、まれに飼い犬にうつり、臭いオナラを誘発することがある。

file.33

フェレット

学名：Mustela putorius furo

オナラ　する・しない

【自分のオナラにびっくり】

フェレットはイタチ科の家畜種である。原種は、ヨーロッパとアフリカ北部に生息するヨーロッパケナガイタチ（学名：Mustela putorius）とされる。もともとはウサギ狩りやネズミ退治を目的として飼育された。フェ

レットの細長い体はウサギの巣穴にもぐるのにぴったりだ。1世紀にローマ人によってイギリスに持ち込まれたが、ペットとして人気が出たのは1960年代に入ってからである。

フェレットの学名は「怒れる臭いイタチ」を意味する。実際にフェレットは放屁《ほうひ》するが、学名の「臭い」はオナラのことではなく、肛門腺《こうもんせん》から出る臭い分泌物《ぶんぴつぶつ》を指す。だから、ペット用のフェレットはたいてい肛門腺を除去してある。もうひとつの悪臭源はコンスタントに放出されるオナラで、排便中やストレスを感じたときによく出る。フェレットは自分のオナラにびっくりすることがよくある。飼い主の証言では、音を立ててオナラをしたあと困惑した表情でうしろを振り向くという。そして恐怖を感じると悲鳴を上げ、逆毛を立て、オナラとウンチを同時に出す。そんなフェレットを服のポケットに入れたら、どうなることか……。

file.34

アザラシ&アシカ

分類：鰭脚下目《ききゃくかもく》

オナラ

する・しない

【夜間でも大音量の魚臭】

一般に「ひれあし類」と言われる鰭脚下目の哺乳類《ほにゅうるい》にはアザラシ、アシカ、セイウチの全種が含まれる。世界中に分布する33種の内訳は、アザラシ科17種、アシカ科15種、そしてセイウチ科はセイウチ1種のみだ。どの種も大量に魚を食べ、大半の種はカニなどの水生無脊椎動物《すいせいむせきついどうぶつ》も口にする。となれば、オナラは当然のごとく魚臭い（ヒョウアザラシの場合はペンギン臭いときも）。飼育員に言わせると、アシカのオナラは自然界で

一番「鼻をつく」においらしい。確かに、アザラシやアシカの群れの周辺には生臭さがプンプン漂う。大きな音を立てるオナラも悪臭源だが、オナラに伴う魚臭いゲップもにおいのもとだろう。

ひれあし類はどれも水生で、水中の様子を観察すると、頻繁《ひんぱん》にガスを出しているのが分かる。アザラシの群れを間近で調査する科学者たちは、アザラシのオナラがうるさくて一晩中寝られなかったという。この報告が事実であることは同じ体験をした著者自身が保証する。

file.35

モルモット

学名：Cavia porcellus

オナラ　する・しない

【鳴き声もオナラもソプラノ】

モルモットは紀元前5000年ごろに南アメリカで家畜化された。もともとは食用だったが、16世紀にヨーロッパに持ち込まれ、ペットとしてかわいがられるようになった。モルモットの原種は野生のテンジクネズミだが、どの種なのかは特定されていない。今のところペルーテンジクネズミ（学名：Cavii tschudii）が有力である。

そんなモルモットも、すっかりメジャーなペットになり、イギリスでは飼育数トップ

10に入る人気ぶりだ。飼えば分かるが、モルモットは確かにオナラをする。においも音も伴う。モルモットのオナラはキーが高く、鳴き声にそっくりだから、聞き分けるのは難しいかもしれない。放屁《ほうひ》を促進するのはブロッコリー、カリフラワー、甘い物などで、加齢とともに回数が増える傾向にある。しかし、ガスだまりは危険なサイン。深刻な病気を招くかもしれない。ペットのモルモットがオナラを出せずに苦しんでいたら、獣医に見せるのがいちばんだろう。

*file.*36

ハイイログマ

学名：Ursus arctos

オナラ
する・しない

【ガス需要で絶滅の危機】

「ハイイログマはオナラする？」と聞くのは「地球は丸い？」と同じでヤボな質問というものだ。答えはもちろんイエスで、主な放屁《ほうひ》（生息）域は森林地帯である。グリズリーとも呼ばれるハイイログマはヒグマの仲間であり、アラスカ、カナダ西部、アメリカ北西部に分布する。クマだから、言うまでもなく雑食だ。主に魚や小型哺乳類《ほにゅうるい》を捕食し、死肉をあさり、植物や木の実をかじることもある。このクマの消化器系は何でもうけつける代わりに得意な分野もない。だから消化の悪い植物は消化されないままウンチに混じっている。

筆者の知る限り、ハイイログマの腸内ガスは研究されたためしがない。しかし、この大型獣が人間の欲しがるガス（天然ガス）のために絶滅の危機に瀕《ひん》しているのは確かだ。天然ガスの開発によって、ハイイログマは生息地ばかりか命までも奪われつつある。

*file.*37

ナマコ

分類：ナマコ綱《こう》

オナラ

する・しない

【お尻から内臓を放出！】

ナマコの現生種《げんせいしゅ》は確認されているだけで1717種。ナマコはとにかく数が多い。水深9km以上に生息する大型動物相《そう》（肉眼で見える大きさの動物）の総量のうち9割強を占める。

ナマコは消化器系が原始的なので、オナラは出

ない。しかし、お尻の周辺ではおもしろいことがいろいろ起きる。この棘皮《きょくひ》動物は呼吸樹《こきゅうじゅ》という器官で呼吸を行うが、この器官が総排出口《そうはいしゅつこう》(肛門に相当)の内側にあるのだ。

サンゴ礁に寄生するナマコのなかにはお尻がらみの防衛術を身につけたものがいる。外敵を感知すると、キュビエ器官という呼吸器の一部を総排出口から噴射するのだ。キュビエ器官は細長くて粘り気があり、外敵に絡みついて動きを鈍らせる。そのすきにナマコは難を逃れる。

ナマコの「下半身」は長居したい場所ではないが、そう思わない魚もいるらしい。カクレウオの一部はナマコの総排出腔《そうはいしゅつこう》や呼吸樹に寄生し、捕食者から身を守る。そして小腹が空くと、ナマコの生殖腺《せいしょくせん》を餌《えさ》にする。ナマコにとっては迷惑だが、たいした実害はない。ナマコの再生力はすさまじく、つまみ食いされた生殖腺もすぐに元通りになるのだ。

*file.*38

鳥類

分類：鳥綱《ちょうこう》

オナラ

する・しない

【その気になれば出せるかも】

現生する鳥類は1万種近くいて、全大陸で観察できる。大きさも体高2m80cmのダチョウから体長5cmのマメハチドリまでバラエティに富むが、それでもオナラをするトリは1羽もいない！　哺乳類《ほにゅうるい》などの放《ほう》屁《ひ》する動物は消化管内にガスを作り出す細菌がいるが、トリにはいないのだ。しかもトリが摂取した食物は消化管をすばやく通過するので、オナラの成分が発生する暇がない。しかし、体の構造上は放屁に必要な条件を満たしているから、出そうと思えば出せるだろう。

鳥類のオナラを聞いた（36ページのオウムを参照）という人がいるが、その矛盾《むじゅん》は説明がつく。鳥類の放屁の可能性を指摘した学術文書は現時点でひとつだけある。それはアメリカのコーネル大の大学院生だったアラン・リチャード・ワイスボードが書いた論文だ。その中にはアオカケス（学名：Cyanocitta cristana）の行動が詳細に記録されている。それを読むと、1963年12月の寒い日、観察中のアオカケスが排便時に「少量の白っぽいガス」を放ったとある。問題のガスは「やや上がった尾の下を水平方向に」漂い、すぐに立ち消えたそうで、数日後にも同様の現象が観察されたという。残念ながら、そのガスの正体は蒸気だった可能性が高い。ホカホカのフンから上がった蒸気が冷たい外気に触れて「見える気体」になったのだろう。

file.39

ラマ

学名：Lama glama

オナラ　する／しない

【回数もにおいも控えめ】

ラマは紀元前4000年ごろにアンデス地方の山岳地帯で家畜化されたとみられる。それ以来、この地方では食用として飼育され、運搬《うんぱん》用の動物として役に立ってきた。今ではラマを飼う国や地域は大幅に増え、アメリカ国内だけで15万8000頭が飼育されている。

ラマはつばを吐くことで有名だ。これは自分の優位を示すための習性だが、きちんとしつければ、人間に向かってつばを吐くことはない。一方、ラマのオナラが有名でないのは、めったに出ないからだろう。ラマはラクダ科に属し、消化器系がラクダ（128ページ）に似ている。だからガスはあまり発生せず、発生してもゲップになることが多い。ただし、おなかを壊しているときは別だ。そんなときはオナラを連発すると飼い主たちは証言する。幸いラマのオナラは、ラマの乾燥したウンチと同じでほとんど臭くない。

file.40

ナマケモノ

分類：ナマケモノ亜目《あもく》

オナラ する・しない

【ウンチも数日に一度】

現生するナマケモノは6種で、いずれも中南米の熱帯林に生息する。体の動きがゆったりしていることからその名が付いたナマケモノだが、ゆったりしているのは樹上での動作だけではない。胃腸の動きも非常に遅く、主食の葉を消化するのに何日もかかる。

しかし、そこには意外なメリットがある。各種の研究調査によると、ナマケモノが排便するのは5日に1度だけ。これはナマケモノにとって幸いだ。この哺乳類《ほにゅうるい》は木から降りて地上でウンチをする習性があるから、その回数が少ないほど天敵に狙われる危険性が減る。

ナマケモノは葉を餌《えさ》にしているので、他動物に比べて腸内フローラの構成がきわめてシンプルだ。だからオナラは出ない。むしろガスが出るのは危険な兆候で、消化器か餌《えさ》に問題がある証拠だ。ナマケモノの腸内細菌はメタンを作り出すが、それですら尻から出ずに腸で吸収され、血管を通って息と一緒に吐き出される。ナマケモノは唯一の「オナラをしない哺乳類」かもしれない。しかし、するかしないか不明な哺乳類はほかにもいて、コウモリ（32ページ）の放屁もいまだ謎である。

*file.*41

サラマンダー

分類：有尾目《ゆうびもく》

オナラ
する・するかも

【聞こえなくても確かににおう】

サラマンダーは約2億年前にほかの両生類から分岐し、現在はサンショウウオやイモリの仲間を含めて約700種が確認されている。長い歴史と広い分布域で知られるサラマンダーだが、そのオナラを聞いた者は誰一人

いない。しかし、するかしないかを推測することは可能だ。

サラマンダーの尻の括約筋《かつやくきん》はカエル（102ページ）などと同様に、オナラの音を響かせるほど強力ではないかもしれない。しかし、水生種《すいせいしゅ》のオオサイレン（学名：Siren lacertina）の腸内からは微生物が発見された。この微生物が水生植物を消化する手助けをしていることから、オナラの成分が体内に存在することは間違いないだろう。また、サラマンダーは外敵に向けてウンチをする習性があり、このとき、ウンチ以外の悪臭が漂ってくることを複数の研究者が確認している。アメリカ東部では陸生のサラマンダーが異常繁殖《いじょうはんしょく》し、その重さを合わせると、同じエリアに生息する鳥類と小型両生類の合計量を上回った。サラマンダー1匹の重さは数十gしかないにもかかわらずだ！　森林浴に出かけたときは、地面の下で無数のサラマンダーが音も立てずに放屁《ほうひ》している場面を想像してほしい。きっと癒されるだろう。

file.42

チンパンジー

学名：Pan troglodytes

オナラ　する・しない

【尻グセの悪さが栄養食で解消】

　チンパンジーはヒトにもっとも近い動物だ。DNAの98パーセントが一致し、放屁する点でもヒトと同じである。この霊長類《れいちょうるい》は頻繁《ひんぱん》に、大音量で所かまわずオナラをする。
アフリカの森林地帯で野外調査する科学者た

ちは、このオナラの音を頼りにチンパンジーの居所を突き止める。

チンパンジーは寄生虫に感染すると、ヒトと同じでお腹の調子が悪くなる。しかし、頭のいい彼らは道具の使い方を心得ている。観察記録によると、野生のチンパンジーはベルノニアというキク科の植物を食べることがある。その茎の髄《ずい》に整腸作用があり、ガスだまりの解消や虫下しに効果的らしい。

アメリカのイエール大学の研究チームが栄養価の高いクラッカーを開発し、動物園のチンパンジーに与えたところ、思わぬところで効果を発揮した。ほぼすべてのチンパンジーがオナラを連発しなくなったのである。高カロリーのクラッカーのおかげでチンパンジーたちは少ない量をよく噛んで食べるようになり、結果としてガスが発生しにくくなったのだ。チンパンジーの尻グセに手を焼いていた飼育員は大喜びしたに違いない。

*file.*43

ギンモンセセリ

分類：セセリチョウ科

オナラ

する・するかも

【幼虫はフン飛ばしの達人】

この本では、オナラをするすばらしき昆虫《こんちゅう》をいくつか紹介している。ケカゲロウ（22ページ）も、シロアリ（60ページ）も、ワモンゴキブリ（104ページ）もそうだ。ところが、このチョウについてはオナラが出るか出ないか確証がない。しかし、芋虫の時期には驚きの尻芸を見せる。

ギンモンセセリの幼虫は一箇所に寄生し、寄生先の植物に身を包むようにして芋虫の時期を過ごす。しかし、生活空間が狭いと、それなりに問題が発生する。たまる一方の排泄物《はいせつぶつ》をどうするかだ。幸い、ギンモンセセリの幼虫は我が家を清潔に保つ知恵がある。わずか4cmの小さな体で力一杯いきみ、ころころのフン（糞粒《ふんりゅう》）を遠くへ飛ばすのだ。その距離、じつに1m53cm。人間だと65mに相当する！ これが身を守るための習性であることは研究によって証明された。天敵のスズメバチは糞粒のにおいにつられて寄って来るから、ころころウンチを遠くにやることで自分の居場所を知られずにすむのだ。

*file.*44

トウブシシバナヘビ

学名：Heterodon platirhinos

オナラする・するはず

【死んだふりして悪臭かます】

トウブシシバナヘビもヘビである以上は放屁するはずだが、捕食者から身を守るためにオナラ以外の臭気を利用する。このヘビは身の危険を感じると、まずは鎌首《かまくび》を持ち上げ、首の皮膚を広げて「シューッ」という威嚇《いかく》音を立てる。しかし、それが通用しないと分かると、一転して死んだふりを決め込むのだ。その場合はごろりと仰向けになり、口を開けて舌を出し、天敵が食欲をなくすように総排出口《そうはいしゅつこう》から臭い分泌液《ぶんぴつえき》を出す。

もっともらしい威嚇行動も、しょせんは見かけ倒し。毒をもたないトウブシシバナヘビはめったに咬《か》みつかない。死んだふりをしているときに元の体勢に戻してやっても、また仰《あお》向けになってしまう。「死んだふり作戦」をとるヘビは世界各地で見かけるが、飼育されているヘビがこの習性を見せることはほとんどない。トウブシシバナヘビの場合、もっとも有効な自衛手段は異臭を放つ分泌液だろう。このにおいが服につくと、繰り返し洗濯してもなかなか取れない。

file.45

シロワニ

学名：Carcharias taurus

オナラ　する・しない

【空気を放ち、浮力を調整】

サンドタイガーとも呼ばれるシロワニはサメの仲間で、ハイイロコモリザメ、マダラヤエバザメなどいくつもの呼び名がある。サメは水よりも比重が重いので泳いでいないと沈んでしまうが、シロワニは独自の方法でこの問題を解決する。シロワニが水面から顔を出し、空気を飲み込む様子は水族館でも海の上でも見ることができる。このサメは飲み込んだ空気を胃の中にためることで、水中にとどまり、浮力をキープするのだ。浮

力を下げるときは総排出口《そうはいしゅっこう》から空気を抜くので、水中に泡が立つのが分かる。このメカニズムはニシン（12ページ）のコミュニケーション手段に似ているが、音量ははるかに控えめだ。

シロワニは鋭い歯が突き出ているせいか、コワモテに見える。しかし、実際は従順でおとなしく、人間に危害を加えることはほとんどない。

file. 46

カエル

分類：無尾目《むびもく》

オナラ

する・するかも

【騒々しいのは鳴き声だけ】

カエルはＴＰＯによって鳴き声を使い分ける——求愛するとき、ライバルを威嚇《いかく》するとき、身の危険を感じたとき、仲間に危険を警告するとき。そして、拒否反応を示すときは「解除音《かいじょおん》」と呼ばれる鳴き声を上げる。繁殖《はんしょく》

期になるとオスはメスに抱接《ほうせつ》（背後から抱きかかえるポーズ）し、メスの産卵に合わせて精子を放つが、このときメスに間違えられて抱きつかれたオスは解除音を発し、相手が違うことを知らせる。そんなカエルでも発しない音がひとつある。オナラの音だ。カエルの括約筋《かつやくきん》はあまり発達しておらず、たとえ総排出口《そうはいしゅつこう》からガスが出るとしても音を響かせるとは考えにくい。しかし、オタマジャクシの一部には腸内に細菌がいることが判明した。この細菌群が主食の植物を消化するのを助け、オナラのもとを作り出すはずだ。

興味深い研究がある。飼育中のオタマジャクシに緑茶の葉を与えたところ、腸内にガスがたまり、しばらく尾を上げたまま泳いでいたという。たまったガスはきちんと放出しないと命を落としかねないが、無事だったオタマジャクシがどこからガスを出したのかは、いまだミステリーである。

file. 47

ワモンゴキブリ

学名：Periplaneta americana

オナラ　する・しない

【ヒトの食べ物にも放屁】

ゴキブリはおよそ2億8000万年前に出現し、地球のいたるところでさまざまな環境に適応してきた。マイナス122℃もの低温に耐え、餌《えさ》がなくても最長1カ月、空気がなくても最長45分間、生きていられる。もげてしまった頭部でさえ数時間はもちこたえるしぶとさだ！　そんなゴキブリが好む場所には、あいにくヒトがいて、ヒトの食べ物がある。ゴキブリは手当たりしだいに何でも食べるが、とくに甘いものを好み、買い置きした食料を食い荒らすこともある。そして繁殖《はんしょく》力が高い。平均すると、メスは10カ月にわたって月に15個の卵を産み続ける。ゴキブリの一家が家中にはびこるまでに、そう長くはかからないだろう。

それでも平然としていられる人は想像してみてほしい――ワモンゴキブリが放屁《ほうひ》する昆虫《こんちゅう》で、ヒトの食べ物にオナラをかけて回る姿を。ゴキブリのオナラはメタンを含み、体の小さい幼虫のほうがメタンをさかんに出す。そして人間と同じく、繊維《せんい》質を多く摂るほどオナラの量が増えるのだ。

file. 48

オランウータン

分類：オランウータン属《ぞく》

オナラ　する・しない

【上下の口からブーイング】

オランウータンと呼ばれる大型類人猿は2種が確認されている。ほかの大型類人猿と違うのは生息域がインドネシアとマレーシアに限られ、主に樹の上で生活する点。共通するのはヒトにきわめて近いことだ。DNAの約97パーセントはヒトと一致し、見た目も似ている。そもそも、オランウータンという名は「森の人」を意味し、地元の人でさえ木陰にいるオランウータンを人間と見間違うことがよくある。

ご多分に漏れず、この類人猿も屁をこく。しかも、遠慮なくこく。オナラの響きがお気に入りらしく、上からも下からも音を立てる。オランウータンはさまざまな鳴き声を上げるが、口から「ブ〜ッ」と発するのもそのひとつ。どういうつもりなのかは不明だが、寝る前に巣作りしながら「ブ〜ッ」と言う姿が観察されている。でも、人間のみなさんはマネしないほうがいい。ベッドの中でブーブーするのはたいてい歓迎されない。

*file.*49

ウサギ

分類：アナウサギ属《ぞく》

オナラ

する・しない

【ガスだまりが死を招く】

ウサギは「草食性の非反芻動物《ひはんすうどうぶつ》」と言われる。つまり、草花や枝を主食にしているが、その消化に適した胃（148ページのウシ、14ページのヤギを参照）をもたないということだ。その代わり、盲腸《もうちょう》に生息する微生物（細菌や原生生物）の力を借りて発酵《はっこう》を行い、植物に含まれるセルロースを分解し、栄養分を得る。ウサギの場合、食べたものは大腸で本格的に分解され、まもなく肛門から排出されてしまう。そこで植物の栄養分を最大限に吸収するため、自分が出したフンを食べるのだ。この軟らかいフン（盲腸《もうちょう》糞《ふん》）には部分的に発酵した植物が含まれる。

ウサギの消化の仕組みと、食糞《しょくふん》というやや気持ちの悪い習性が合わされば、当然のごとくオナラのもとが発生する。ウサギはオナラを出すし、出せるし、また出さなくてはいけない。繊維《せんい》が少なく糖を多く含む食物はストレスや脱水に加えてガスだまりの原因になり、ウサギ消化器症候群という病気を招く。普通、オナラはジョークのネタになるが、ウサギにとっては笑いごとではない。ガスだまりが激痛を招き、あっという間に死に至ることがあり、場合によっては治療が必要になる。

file. 50

イヌ

学名：Canis lupus familiaris

オナラ

する・しない

【屁害を減らす三種の神器】

イヌのことを最初に「人間の最良の友」と言ったのはプロイセン王のフリードリヒ二世だが、イヌの尻グセを考えた上での発言だったかどうかは疑わしい。イヌは例外なく放屁し、そのオナラはたいてい臭い。しかし、どの犬種のオナラも同じというわけではない。例えば、ボストンテリアは鼻が短く空気を飲み込むくせがあるため、ほかの犬種よりも放屁の回数が多くなる。幸か不幸かボストンテリアは愛嬌者《あいきょうもの》で人なつこい性格だから、悪臭をふりまきながら飼い主に甘えようとするだろう。

科学者たちはイヌが人間の生活に密着していることを考慮し、イヌのオナラの頻度《ひんど》や屁害を減らす方法を模索してきた。最近では、イヌに負担をかけずにオナラを測定する実験用のハーネスを開発。実験には臭気判定士が招かれ、ハーネスをつけたイヌがオナラをするたび、そのにおいを嗅《か》いでにおいの程度を評価したという。今の仕事が嫌でたまらないという人はこの判定士の苦行を想像してほしい。研究を通じて放屁科学のパイオニアたちが突き止めたのは活性炭入りのサプリメント、植物のユッカ・シジゲラ、酢酸亜鉛《さくさんあえん》に防臭効果があること。この三種の神器のおかげで、硫化水素《りゅうかすいそ》の発生が最大86パーセント抑えられ、イヌの臭いオナラを減らすことができた！

file.51

ニシキガメ

学名：Chrysemys picta

オナラ　する・しない

【尻呼吸という偉業《いぎょう》を達成】

現生するカメは300種近くいるが、それでも絶滅の恐れがある。カメの生息地や餌《えさ》の減少、そして乱獲が原因だ。

ニシキガメは北米に広く分布する淡水性のカメで、キスイガメを含めてヌマガメと呼ばれる。リクガメ（126ページ）と同様に放屁《ほうひ》するが、水生種《すいせい》ならではのトラブルに見舞われることもある。きちんとオナラを出さないと浮力が調整できず、水に潜れなくなるのだ（116ページのアメリカマナティー、28ページのボルソンパプフィッシュを参照）。しかし、ニシキガメにとって、総排出口《そうはいしゅつこう》はガス（オナラ）を放つだけでなく、ガス（酸素）を取り込む場所でもある。ニシキガメは「総排出腔呼吸《そうはいしゅつこうこきゅう》」という偉業を成し遂げた。粘膜嚢《ねんまくのう》という袋状の器官を使い、水中で酸素を吸収するのだ。この呼吸の利点は肺を使わずにすむこと。甲羅《こうら》のあるカメにとって、肺呼吸は筋力を要するので、体内で乳酸を増やしてしまう。しかし、尻で呼吸できれば冬眠中も泥底に潜っていられるから、寒さをしのぐのに好都合である。

*file.*52

コロブスモンキー

分類：コロブス属《ぞく》

オナラ

する・しない

【食べて休んでオナラして】

コロブスモンキーの5種は西アフリカと中央アフリカの森林地帯に生息し、いずれの種も植物食で、葉、花、小枝のほかに未熟な果実を好んで食べる。おもしろいのは消化器の構造がウシ（148ページ）などの有蹄類《ゆうているい》に似ていることだ。コロブスモンキーの胃は比較的大きく、3～4室に分かれており、前胃《ぜんい》が発酵《はっこう》の場になっている。

植物を好み、複胃《ふくい》をもつコロブスモンキーには3つの大きな特徴がある。第一に、一日5～7時間を食べることに費やす。主食の葉は栄養価が低いため、たくさん食べる必要があるからだ。第二に、体力の消耗を防ぐために長時間じっとしている。コロブスモンキーがしゃがんで休憩する時間は一日14時間に及ぶことがある。第三に、植物を大量に食べるので、二酸化炭素とメタンが発生しやすい。そして、ほかの霊長類《れいちょうるい》と同じく、それらのガスを肛門から出すことに何のためらいもない。要するに、この横着なサルたちは一日中、食べて、休んで、放屁《ほうひ》しているのである。しかし、近年の調査により、この休憩ポーズがゲップの出を良くすることに役立つことが分かった。コロブスモンキーの消化器は特殊な構造をしているため、肺の周辺にガスがたまりやすい。しかし、休憩ポーズがそれを解消しているのだ！

*file.*53

アメリカマナティー

学名：Trichechus manatus

オナラ

する・しない

【オナラを浮き袋として利用】

「海牛《かいぎゅう》」と呼ばれる動物なら、オナラのひとつもするだろう――そう思ったあなたはするどい。アメリカマナティーはお祭しのとおり放屁《ほうひ》する。しかも、たっぷりする。それどころかオナラを操る名人だ。マナティーは植物しか食べないので、体内にはメタンなどのガスが大量に発生する。また、マナティーの横隔膜《おうかくまく》（呼吸筋のひとつ）はほかの哺《ほ》乳類《にゅうるい》とは大きく異なり、２つの片側横隔膜から成る。その横隔膜は腹側ではなく、背

面にあり、体腔《たいこう》内いっぱいに広がる。そして腸には小さな嚢《のう》がいくつもあり、ガスをためておけるのだ。こうした体の構造のおかげで、マナティーはオナラを浮き袋のように使いこなす。腸の特定の部分にガスをためれば、全身をブイにして水面に浮上できるし、尻からガスを放てば、水中に潜ることができる。オナラが命のマナティーにとって、便秘は大敵だ。便秘を起こしたマナティーが正常に遊泳できず、逆立ち状態で水面に浮かんでいる姿はしばしば観察される。

*file.*54

ブチハイエナ

学名：Crocuta crocuta

オナラ　する・しない

【肉食＋ラクダの腸＝極悪臭】

ブチハイエナはきわめて社会性の高い哺乳類《ほにゅうるい》だ。序列のついた群れをなし、声のトーンを使い分けてコミュニケーションをとる。そのトーンのひとつが笑い声に似ているので「笑いハイエナ」と呼ばれる。そんなブチハイエナも放屁《ほうひ》するが、なにもオナラがおかしくて「笑う」のではない。この鳴き声を立てるのは、主に餌《えさ》をめぐるトラブルで攻撃や嫌がらせを受けたときである。

この肉食獣は獲物の骨を完全に消化分解できる。だから、ウンチはカルシウムを多く含んで白っぽくなる。主食は中型の有蹄類《ゆうているい》だが、ときには魚類や鳥類を仕留め、大型獣を狙う。ブチハイエナが集団でカバ（156ページ）に襲いかかる場面も確認されている。野外観察の記録によると、ブチハイエナがもっとも臭いオナラをするのはラクダ（128ページ）の腸を食べたあとらしい。どの程度の悪臭なのかは分からないが、ブチハイエナはただでさえ高たんぱくの肉を好む。そこにラクダの腸が加われば、火に油を注ぐようなものである。

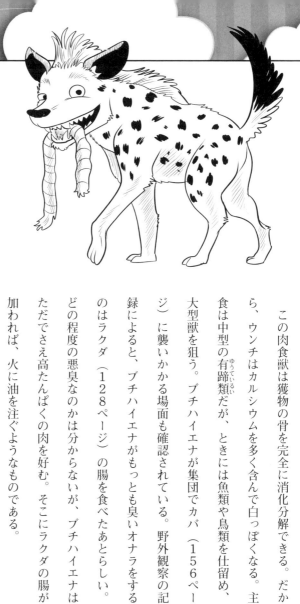

file.55

ボブキャット

学名：Lynx rufus

オナラ　する・しない

【リスが腸内フローラを刺激？】

現生するボブキャットは1種のみで、少なくとも12の亜種《あしゅ》に分かれるが、この分類には賛否両論ある。ボブキャットは生息域が広く、カナダ南部からメキシコ南部にかけてほぼ全域に分布する。野生のボブキャットはよくピューマ（学名：Puma concolor）に間違えられるが、いくつか特徴を抑えておけば、簡単に見分けがつく。ボブキャットは耳がとがっていて、体格はピューマよりも二回りくらい小さい。また、えり好みをしない肉食獣で狩りがうまく、シカのような大型哺乳類《ほにゅうるい》からウサギ、鳥類、ネズミ、爬虫《はちゅう》類《るい》まで食べる。

これだけたんぱく質を摂れば、おのずと硫黄《いおう》臭いオナラが出る。リスを食べると硫黄臭はさらにきつくなるという報告もある。その理由ははっきりしないが、おそらくリスの体内に高濃度の硫黄が含まれていて、それがボブキャットの腸内フローラを刺激するからではないだろうか。この仮説を立証するためにも、さらなる研究が待たれる。

*file.*56

ニシキヘビ

分類：ニシキヘビ科

オナラ

する・しない

【濃厚な香りが静かに漂う】

野生のニシキヘビは高温多湿な場所を好み、アフリカ、アジア、オーストラリアに分布する。美しく個性的な柄をもつこのヘビは性格がおとなしく、飼いやすいことからペットにする人がいるが、苦手な人も少なからずいる。とにかくニシキヘビは大きくなる。人気種のビルマニシキヘビ（学名：Python bivittatus）は最大で体長６m、体重180kgに達する。飼い主のなかには無毒な大蛇と化したペットをもてあまし、本来の生息地ではないフロリダ州のエバーグレーズ湿地帯などに放してしまう不届き者がいる。その結果、ビルマニシキヘビはエバーグレーズに定着し、侵略的外来種《しんりゃくてきがいらいしゅ》のレッテルを貼られてしまった。この野良ヘビたちは現地の哺乳類《ほにゅうるい》を激減させ、ワニまで襲うありさまだ。

ニシキヘビは愛好家が多く、放屁《ほうひ》に関する報告は引きもきらない。ある飼い主は愛蛇のオナラを「肉食系の濃厚なにおい」と表現する。ニシキヘビのオナラは音が静かなので聞き取るのは難しいかもしれない。しかし、肉食ならではの強烈な異臭を伴うから「出た」ことはすぐに分かる。

*file.*57

ネコ

学名：Felis catus

オナラ

する・しない

【オナラだってマイペース】

ネコは本当に家畜化されたのか――この問題はいまだ議論を呼んでいる。ペットのイヌ（110ページ）なら答えは簡単だ。イヌは人間によく慣れ、人間の保護下で生活している。それは遺伝学的にも明らかで、現在のイヌと祖先の野生種とではゲノムが大きく異なる。ところが、ネコの場合は家ネコと山ネコの違いがさほどでなく、山ネコは今も交雑していることから、ネコは「半家畜化」動物と考えるのが妥当だろう。家ネコも

人になつき、飼い主に餌《えさ》の面倒を見てもらっているかもしれないが、優れた狩猟能力は健在だ。それどころか、放し飼いのネコが年間に捕殺する動物は鳥類が370億羽、哺《ほ》乳類《にゅうるい》が2070億頭にのぼり、一部の鳥類、哺乳類、爬《は》虫類《ちゅうるい》を絶滅に追い込んでいる。

一方で、ネコの放屁《ほうひ》に議論の余地はない。ネコのオナラは独特のにおいだが、それはこの肉食動物が好むものに豊富なたんぱく質とやや濃度の高い硫黄《いおう》が含まれるからだ。硫黄臭いオナラはその産物である。それでも家畜化半ばのネコは人の迷惑をかえりみず、飼い主を悪臭から解放する気はさらさらないだろう。

*file.*58

リクガメ

分類：リクガメ科

オナラ

する！　しない

【進化ものろいが屁ものろい？】

単純に「カメ」と呼ばれる爬虫類《はちゅうるい》はリクガメ科に属するものが多い。このグループのカメは完全な陸生《りくせい》で、動作が非常にのろい。のろいのは歩みだけではない。ガラパゴスゾウガメなどは性成熟《せいせいじゅく》するまでに25年もかかる。カメはＤＮＡからしてスローだ。進化の速度は大部分の哺乳類《ほにゅうるい》よりも遅く、同じ爬虫類のヘビにも劣る。

しかし、オナラについてはほかの爬虫類と同じで出せるし、出す。そう言い切れるの

はカメのオナラ現場に居合わせた人たちがいるからだ。
メスのヘルマンリクガメ（学名：Testudo hermanni）が産卵の直前にガスを放ったという報告もあれば、ペットのカメがオナラばかりするという飼い主の証言もある。
リクガメは主に植物を食べ、後腸《こうちょう》で発酵《はっこう》を行う。その点は草食性の哺乳類（24ページのウマ、44ページのサイを参照）に似ている。あいにく動物の屁速は研究されたことがないのだが、カメはオナラのスピードもほかの動物に比べてのろいのではないだろうか。

file. 59

ラクダ

分類：ラクダ属《ぞく》

オナラ　する！　しない

【ウシと違って環境にやさしい!?】

現生する3種のうち、ヒトコブラクダ（学名：Camelus dromedarius）とフタコブラクダ（学名：Camelus bactrianus）は家畜化されたが、野生種のフタコブラクダ（学名：Camelus ferus）はゴビ砂漠の一部に少数の群れが生息するだけになってしまった。ラクダと言えば、極端《きょくたん》な乾燥地帯でもサバイバルできることで有名だ。

あまり有名でないのはメタンを含むオナラをすること。ラクダは反芻《はんすう》動物のウシ（148

ページ）と同じく草食性であり、植物に含まれるセルロースを前胃《ぜんい》で発酵分解《はっこうぶんかい》する。しかし、胃は3室しかないので、厳密に言うと「偽反芻動物《ぎはんすう》」だ。それでも消化器の構造がウシに似ていることから、ウシと同程度のメタンを出すと考えられていた。ところが研究が進むにつれ、ラクダの体重1kg当たりの排出量はウシよりもはるかに低いことが判明。ラクダはあまり活動的ではなく、大食いでもない。そのためラクダが出すメタンは、同じエリアに生息する全家畜の排出量のうち、わずか1～2パーセントに過ぎないのだ。ちなみにラクダもウシと同じで、ガスの大部分を口から出す。

*file.*60

イグアナ

分類：イグアナ科

オナラ

する・しない

【湿っぽい音が特徴】

イグアナはイグアナ科に属する爬虫類《はちゅうるい》のグループだ。このグループには42種が含まれるとされるが、違う説もある。生息域は南北アメリカの熱帯地域や亜熱帯地域、ガラパゴス諸島、アンティル諸島、フィジー、トンガに及ぶ。代表種のグリーンイグアナ（学名：Iguana iguana）はほかの地域にも持ち込まれ、西インド諸島のほか、ハワイ、フロリダ、テキサスの各州に定着している。

イグアナも、ヤモリ（132ページ）などの爬虫類と同様に放屁《ほうひ》する。サイイグアナ（学名：Cyclura cornuta）のオナラは「湿った」音を立てるそうで、繊維《せんい》質を多く摂ったり、寄生虫に感染したりすると頻度《ひんど》が増す。ツナギトゲオイグアナ（学名：Ctenosaura similis）の場合も動物性たんぱく質より植物を食べたときの方が、ガスが出やすい。野生のグリーンイグアナも植物を好み、動物性たんぱく質を消費することはめったにないので、頻繁《ひんぱん》にオナラする。グリーンイグアナはペットとして人気が高く、オナラを観察するチャンスに事欠かない。ときに大きな音を響かせ、ウンチのついでに放屁することが多い。

file.61

ヤモリ

分類：ヤモリ下目《かもく》

オナラ

する・しない

【ウンチの前に一発】

ヤモリはトカゲ類のなかでもっともバリエーションが豊富だ。少なくとも1650種が現生し、トカゲ類全体の約4分の1を占める。ヤモリはさまざまな環境に適応できる。足裏には粘着性の膨《ふく》らみがあり、そこに極細《ごくぼそ》の剛毛《ごうもう》が生えていて、ガラスを含むあらゆる面に張りつくことができる。その接着力は非常に強く、トッケイヤモリ（学名：Gekko gecko）に至っては体重の450倍（！）もの負荷に耐えられる。

ヤモリのオナラに触れた論文はほとんど見当たらないが、爬虫類《はちゅうるい》である以上は放屁《ほうひ》すると考えていいだろう。ヤモリを飼う人は多いので、その仮説を裏づける報告はいくつかある。例えば、オウカンミカドヤモリ（学名：Correlophus ciliatus）はウンチの前にオナラを出すクセがあるとか。そのにおいは「耐えがたい」（要するに臭い）と表現されるが、便のにおいと似ているため、科学的な裏づけも必要だ。

*file.*62

タコ

分類：タコ目《もく》

オナラ

する・しない

【オナラ煙幕《えんまく》で天敵をかく乱】

タコが出現したのはおよそ1億4000万年前で、現在ではイカやオウムガイを含む頭足類全体の3分の1を占める。タコは海に住む無《む》脊《せき》椎《つい》動《どう》物《ぶつ》としては非常に高い知能を備えているが、我々の知る限り、オナラをしない。餌《えさ》の消化に時間がかかる（水温や種によって12〜30時間）わりに、ガスを作り出す腸内細菌がいないからだろう。

その代わり、タコにはオナラを思わせる移動手段がある――ジェット推進だ。タコは

天敵の気配を感じると、発達した筋肉を使って、漏斗《ろうと》という筒状の器官から海水を噴射し、猛スピードで逃げる。タコの特技はこの「オナラもどき」だけではない。漏斗から墨を出し、敵をかくらんするのだ。じつは墨の吐き方には2つのパターンがある。ひとつは墨を拡散させる「煙幕」で、相手の目をくらますのに効果的。もうひとつは墨を雲状にして吐き出す「ダミー効果」だ。この場合は「煙幕」よりも多くの粘液《ねんえき》を出し、墨の塊を自分のダミーに仕立てる。敵は誤ってダミーのほうを襲うのだ。

file.63

マングース

分類：マングース科

オナラ

する・しない

【仲間割れの原因になる屁力《へぢから》】

マングース科の哺乳類《ほにゅうるい》には15属34種が含まれる。このグループはまとめてマングースと称されるが、なかにはミーアキャット（学名：Suricata suricatta）のような例外も交じっている。マングースは動きが機敏でヘビの毒に強い。ハイイロマングース（学名：Herpestes edwardsii）は毒ヘビの対戦相手として有名だが、本来は肉食中心の雑食性だ。

マングースはオナラを出すし、肛門腺《こうもんせん》から強烈なにおいを放つ。そのにおいが服につくと、洗濯しても消えないらしい。マングースのオナラはフォッサ（142ページ）の放屁《ほうひ》と並んで伝説になった。ハチを飼うマサイ族の間では、マングースがオナラでハチを追い払い、ハチの巣から蜜を盗むという言い伝えがある。砂漠の遊牧民ベドウィンは仲間割れの原因になるトラブルを「マングースのオナラ」と表現。これは「マングースの放屁に驚いてバラバラになったラクダの群れは元に戻すのに苦労する」というたとえからきている。

file.64

ゴリラ

分類：ゴリラ属《ぞく》

オナラ

する・しない

【悪びれもなくとどろかす】

現時点ではヒガシゴリラ（学名：Gorilla beringei）とニシゴリラ（学名：Gorilla gorilla）の2種が確認されており、原産地はアフリカの熱帯雨林や亜熱帯雨林だ。ゴリラはチンパンジー（94ページ）とボノボに次いでヒトに近く、DNAの95パーセントがヒトと一致する。

ゴリラの体臭がきついことは、ゴリラを担当したことのある飼育員なら誰もが知っている。また、体臭を利用して意思表示することも明らかになってきた。相手とやり合う場面で体臭は強くなり、とくに威嚇《いかく》するときはきつくなる。しかし、ゴリラが放つにおいはそれだけではない。基本的に植物を好み、ときに昆虫《こんちゅう》を捕食するゴリラのオナラはかなりの大音量だ。そして、ほかの類人猿と同様に遠慮なくとどろかす。

file.65

ダンゴムシ

分類：ワラジムシ亜目《あもく》

オナラする・ビミョー

【放ガス時間の記録保持者】

ダンゴムシを含むワラジムシ亜目の等脚類《とうきゃくるい》は「丸虫」「便所虫」などの愛称で親しまれている。代表種のオカダンゴムシ（学名：Armadillidium vulgare）のほかにも4000種以上の仲間がいる。ダンゴムシは土壌の生態系を保つのに欠かせない存在だ。落ち葉や朽木《くちき》を分解し、食べてフンにして地中に戻し、有機物を循環させる。

ダンゴムシは窒素《ちっそ》を含む不要物をユニークな方法で排泄《はいせつ》する。これは厳密に言えばオ

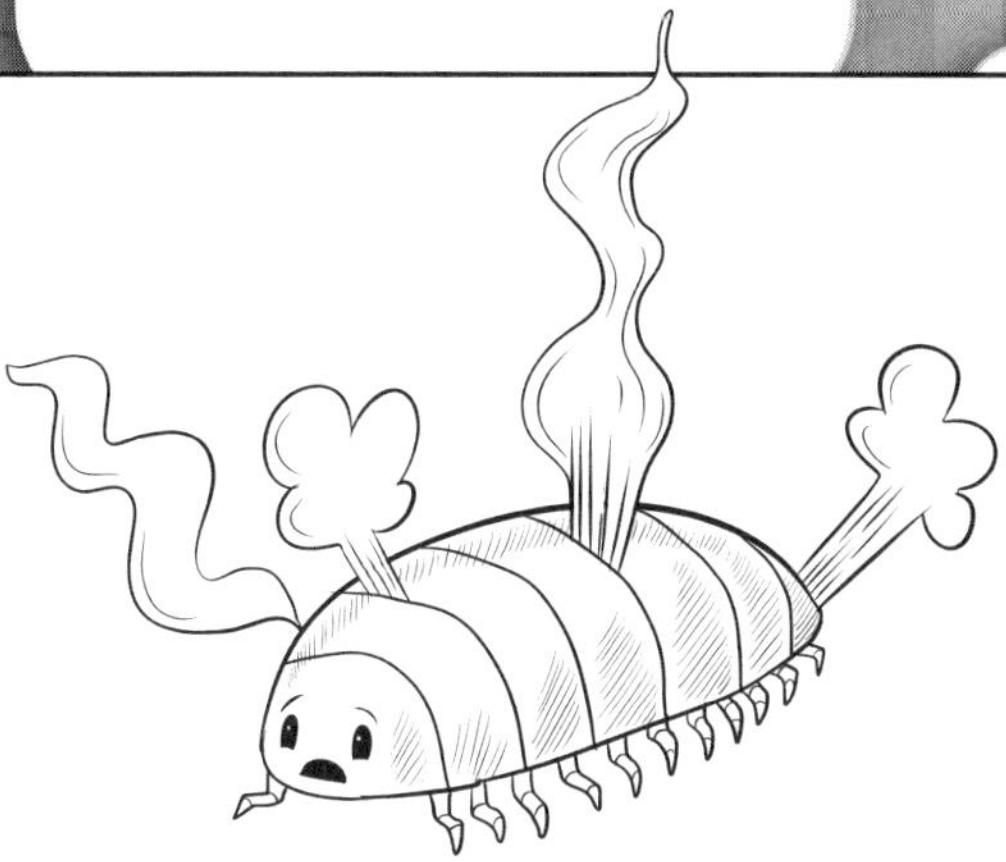

ナラではないが、気体を放つことに変わりはない。哺《ほ》乳類《にゅうるい》の場合は窒素《ちっそ》老廃物《ろうはいぶつ》を尿素に変え、オシッコにして排出するが、ダンゴムシはアンモニアの状態で放つ。アンモニアを尿素に変えないので、体内の水分やエネルギーを消費せずにすむのだ。アンモニアは多くの動物にとって有害だが、ダンゴムシは耐性《たいせい》があり、高濃度のアンモニアを体内にとどめておける。そして最後は気体として外骨格《がいこっかく》を通して出す。ダンゴムシがアンモニアを出すのは主に日中で、所要時間はだいたい数分だが、長いときは1時間以上かかるらしい。これは動物の放ガス時間として歴代最長記録ではないだろうか。

file.66

フォッサ

学名：Cryptoprocta ferox

オナラ する・しない

【名前もオナラも獰猛《どうもう》】

フォッサという動物に聞き覚えがないのは、あなただけではない。現地で調査する研究者でさえ、この珍獣を見つけるのは至難《しなん》の業《わざ》だ。この哺乳類《ほにゅうるい》はマダガスカル島の固有《こゆう》種《しゅ》とされ、島内に広く分布する。フォッサの

分類もこれまた難しい。あるときはマングースの仲間、またあるときはネコ科の一種と考えられてきた。それにしてもフォッサは興味深い動物だ。例えば、Cryptoprocta feroxという学名である。Cryptoproctaはラテン語で「隠れた肛門」を意味し、フォッサの尻の穴が袋状の肛門腺《こうもんせん》によって隠れていることを示す。feroxは「獰猛」という意味だ。名ハンターのフォッサは昼夜を問わず狩りにいそしみ、さまざまな哺乳類、鳥類、爬虫類《はちゅうるい》を餌《えさ》にするが、とくにキツネザル（152ページ）が好物のようで、餌の半分はこのサルだ。

フォッサのオナラはフォッサと同じで獰猛そのもの。しつこい刺激臭は「目にしみる」ほどだという。マダガスカルには、フォッサの臭いオナラが鶏舎を全滅させたという言い伝えまである。

*file.*67

オオノガイ

学名：Mya arenaria

オナラ する・しない

【こかずに吐いて被害甚大】

オオノガイは二枚貝綱《こう》という分類群に属する。このグループの特徴は2枚の貝殻と蝶《ちょう》番《つがい》だが、オオノガイの殻は比較的薄く、簡単に割れる。この二枚貝はアメリカ北東部の港町で親しまれており、地元のレストランのメニューによく登場する。オオノガイは放《ほう》屁《ひ》しないが、甲殻類《こうかくるい》アレルギーをもつヒト（170ページ）の体内に入ると臭いオナラを誘発することがある。

しかし、オオノガイには潮吹きという芸がある。二枚貝はタコ（１３４ページ）の漏斗《ろうと》に似た水管《すいかん》を（オオノガイの場合は２本）をもち、入水管《にゅうすいかん》から海水を取り込んで繊毛《せんもう》で餌《えさ》をこし取り、エラで酸素を取り入れたのち、余分な海水を出水管《しゅっすいかん》から吹く。危険を察知すると、出水管から海水や未消化の餌を吐きかけ、そそくさと砂底に潜る。二枚貝を研究する学者は、この習性をいやというほど知っている。観察中に「貝のゲロ」をよく浴びせられるからだ。貝のゲロは勢い良く噴射されるので、服にも、服の下にも、べったり付くとか。

*file.*68

ユキヒョウ

学名：Pantheraa uncia

オナラ　する・する（はず）

【厚い毛で音はこもりがち？】

ユキヒョウは、その名のとおり、寒い場所に生息するのに適している。主に中央アジアと南アジアに分布する。同じネコ科でも、ライオン（56ページ）やチーター（50ページ）に比べると耳は小さく丸く、全身の毛はふさふさで、体格はずんぐりしている。こうした特徴はすべて体温の低下を防ぐのに役立つ。長い鼻腔《びくう》は吸い込んだ空気を温めてくれるし、太い尻尾《しっぽ》で身をくるめば、温かくして眠れる。ほかのネコ科と同じなのは狩りが得意で、肉食性という点だ。幅のある足と長い尾でバランスをとりながら岩肌をスムーズに移動し、獲物を待ち伏せする。

ユキヒョウは保護色の毛で覆われているため、発見するのが難しい。野外で目撃されることも、カメラにとらえられることもほとんどないが、それはオナラに関しても同様だ。今のところ、ユキヒョウの放屁《ほうひ》を間近で確認したという報告はない。しかし、ネコ科である以上は放屁すると考えて間違いない。ついでに言うと、尻まわりの毛も厚いので音はこもりやすいだろう。

*file.*69

ウシ

学名：Bos taurus

オナラ

する・しない

【有毒ガスの出所は肛門より口】

オナラで知られる動物と言えば、まずはウシだろう。世界には約140億頭の家畜牛がいて、その3分の2は中国、インド、ブラジルで飼育されている。草食性の反芻《はんすう》動物であるウシは4室に分かれた胃で段階的に消化を行う。ウシが飲み下した餌《えさ》は胃の中

で唾液《だえき》と交じり合い、反芻食塊《はんすうしょっかい》となって口に戻される。噛《か》み直された食塊は再び胃に送られ、酵素による消化を経て、微生物の助けを借りて発酵《はっこう》する。この間に二酸化炭素やメタンなどの温室効果ガスがウシの体内で大量に発生するのだ。ウシ1頭が年間に放出するメタンの量はじつに100〜200kg！　農業活動によって発生する温室効果ガスのうち、およそ3分の1が家畜によるもので、とくにウシによるものが多い。

しかし、問題はオナラだけではない。ウシは確かに放屁《ほうひ》するが、ガスの大半はゲップや呼気《こき》として口から出る。そこで、ウシの排ガスをいかに抑えるかが長年の研究テーマになってきた。例えば、海藻《かいそう》入りの飼料の開発だ。海藻にはメタンが体内に発生するのをブロックする効果がある。また、他動物の腸内微生物をウシに移植することが検討され、ドナー候補としてガスをあまり出さないとみられたカンガルー（26ページ）が上がったこともある。

file. 70

イルカ

分類：クジラ目《もく》

オナラ

する・しない

【生臭いすかしっ屁】

イルカが属するクジラ目は、クジラ（62ページ）やネズミイルカを含めて約3300〜3700万年前の始新生《ししんせい》に出現した。このグループの哺乳類《ほにゅうるい》はどれも水生《すいせい》だが、系統的にはカバ（156ページ）に近い。しかし、イルカはカバと違って肉食であり、主に魚やイカを餌《えさ》にする。イルカはチームハンターだ。ポッドと呼ばれる群れをなして魚群を包囲し、狭いエリアや浅瀬に追い込んでから餌にする。その餌は数室に分かれた胃

に送られる。まずは前胃《ぜんい》で機械的に消化され、後続の胃で酵素《こうそ》による消化分解が行われる。

水中で放たれるイルカのオナラは周囲の音にかき消されて聞こえないかもしれない。しかし、肛門から上がる気泡を見れば、確かに放屁《ほうひ》しているのが分かる。そのオナラは餌が餌だけに生臭い（78ページのアザラシ&アシカを参照）が、頻繁《ひんぱん》に出ることはないだろう。イルカは代謝《たいしゃ》が活発なうえに、消化に時間がかからないので、ガスが大量に発生することはないはずだ。

file. 71

キツネザル

分類：キツネザル上科

オナラ　する・しない

【オス同士で悪臭バトル】

キツネザルは多種多様な原猿《げんえん》だ。１０１種すべてがマダガスカル島に分布し、かなりの小型から大型まで形態はさまざまである。愛らしいベルテネズミキツネザル（学名：Microcebus berthae）は世界最小の霊長類《れいちょうるい》で、平均体重はわずか30g。一方、インドリ（学名：Indri indri）の体重は９kgにも及ぶ。キツネザルの多様性は生態にも反映されており、昼行性《ちゅうこうせい》に夜行性《やこうせい》、植物食性も雑食性もいる。

言うまでもなくキツネザルは放屁《ほうひ》するが、振りまくのはオナラだけではない。この霊長類はにおいをコミュニケーションの手段にしており、大半は体のあちこちに臭腺《しゅうせん》をもつ。例えば、ワオキツネザル（学名：Lemur catta）は手首や肩の近くに臭腺がある。手首から出る透明な分泌物《ぶんぴつぶつ》は、においは強烈だがすぐに立ち消える。肩付近から出る茶色い分泌物は歯磨き粉くらいの粘り気があり、においが続く。オスはこの両方を使って、スティンク・ファイト（臭気戦）を展開する。2種類の分泌物を混ぜ合わせて尾にこすりつけ、その尾を頭上で振りかざすのだ。こうしてライバルに悪臭のカクテルをお見舞いし、自分の優位を示すのである。

file.72

ゲンゴロウ

分類：ゲンゴロウ科

オナラ する・するかも

【尾の先でガス交換】

ゲンゴロウ科の昆虫《こんちゅう》は少なくとも4000種が現生する。「Diving Beetle（潜水する甲虫《こうちゅう》）」という英名のとおり、水生《すいせい》の生きものであり、湖、池、小川などに生息する。幼虫、成虫ともに獰猛《どうもう》な肉食性だ。主に蚊の幼虫などの無脊椎《むせきつい》動物、オタマジャクシ、魚類を餌《えさ》とし、自分よりも大きな生物を襲うところも観察されている。丈夫な大顎《おおあご》で獲物を仕留めるが、獲物の食べ方は成長段階によって変わる。幼虫のころは大顎をストローのように使い、獲物に消化液をかけ、液状にしてから吸い込む。成虫になると、獲物を噛《か》み砕き、固形のまま飲み込む。

ゲンゴロウが放屁《ほうひ》するかどうかは手元の資料を見る限り、定かでない。しかし、尾の先にユニークなガス交換機能を備えており、そのおかげでニシキガメ（１１２ページ）と同様に水中に潜っていられるのだ。ゲンゴロウは肺呼吸だが、取り込んだ酸素を泡にして翅《はね》の下のスペースに備蓄する。こうして水中にいながら酸素を補給できるのだ！

file. 73

カバ

学名：Hippopotamus amphibius

オナラ

する・しない

【放屁《ほうひ》もすれば、放糞《ほうふん》もする】

カバ類には代表種のカバとコビトカバ（学名：Choeropsis liberiensis）の2種が含まれ、どちらもアフリカに生息する。カバは「河馬」とも書くが、ウマ（24ページ）よりもイルカ（150ページ）やクジラ（62ページ）に近いことが最近の研究で判明した。

いちばんの特徴は大きな体（最大のオスは4500kg）と気性の荒さ。カバは極めて獰《どう》猛《もう》な哺《ほ》乳類《にゅうるい》で身の危険を感じると、巨体と大きな犬歯とまさかの俊足（最高走行速度

は時速30km）を駆使《くし》して攻撃に出る。
基本的には植物を好むが、最近の研究により、予想以上に肉を摂っている可能性が出てきた（それが放屁にどう影響するかは不明）。カバはラクダ（128ページ）と同じ偽反芻《ぎはんすう》動物だ。胃は3室に分かれるが、食い戻しはしない。カバのオナラはたいてい轟音《ごうおん》である。マーキングするときは、ウンチをしながら尻尾を振り、ウンチをあちこちに飛ばす。この「放糞」と放屁が同時に起きれば、さぞかし楽しい（驚愕《きょうがく》の？）光景になるだろう。

file. 74

コアラ

学名：Phascolarctos cinereus

オナラ

する・しない

【100時間かけてオナラを熟成】

コアラが「コモリグマ」「フクログマ」と呼ばれるたびに生物学者は困った顔をするが、正式には哺乳類《ほにゅうるい》に属する有袋《ゆうたい》動物である。コアラと言えば、育児嚢《いくじのう》という袋を備えていることがいちばんの特徴だ。ジョーイと

呼ばれる幼獣は育児嚢の中で成長する。野生のコアラはオーストラリアにしか生息せず、餌《えさ》の供給源であるユーカリの樹上で放屁《ほうひ》することが多い。700種以上あるユーカリのうち、コアラが餌にするのは30種ほど。ユーカリの葉は多くの動物にとって有害であり、最良の餌とは言いがたいが、コアラの消化器にはユーカリの毒を分解する特殊な微生物が共生する。ジョーイは母親のウンチを食べ、この微生物を「受け継ぐ」のだ。ユーカリの葉は栄養価が低いため、コアラはコロブスモンキー（114ページ）と同様に長い休憩（1日20時間前後）を取り、体力の消耗を防ぐ。後腸発酵動物《こうちょうはっこうどうぶつ》（24ページのウマを参照）のコアラは発達した盲腸《もうちょう》（2mほど）で餌を消化分解し、時間をかけて栄養を吸収する。各種の研究によると、コアラの消化管に餌がとどまる時間は野生下で100時間、飼育下で200時間。オナラの成分を作り出すには充分すぎる時間だ！

file.75

バク

分類：バク属《ぞく》

オナラ

する・しない

【森林を揺らす波動砲《はどうほう》】

現生する4種は中南米と東南アジアの森林地帯に分布する。バクのトレードマークは物をつかめる細長い口吻《こうふん》だ。バクはこれを上手に使って枝を捕らえ、葉をしごき、果実をもぎ、水中ではスノーケル代わりにする！　バクは一見するとブタに似ているし、アリクイや小型のカバ（156ページ）に間違えられることもよくある。しかし、分類上は、蹄《ひづめ》と奇数の指をもつ奇蹄類《きているい》に属し、ウマ（24ページ）、シマウマ（52ページ）、サイ

（44ページ）に近く後腸で食物を発酵する。野生下では生息域をあちこち移動しながら、草をはんだり、果物の種を遠くにとばしたりして一日の大半を過ごす。

バクも近縁種と同じで、さかんに放屁《ほうひ》する。野外観察した科学者によると、そのオナラは「波動的（学者独特の表現）」らしい。

file.76

ムカシオオホホジロザメ（メガロドン）

学名：Carcharodon（Carcharocles）megalodon

オナラ　する・しない

【世界の海を泡立てた？】

古生物のムカシオオホホジロザメは先史《せんし》時代のサメで、160万年前に絶滅したとされる。だが、ありし日の姿はじつに恐ろしく、歴代最大のサメと称される。全長18m、顎《あご》は幅2mほどで、5列に並んだ歯牙《しが》は1本が約18cmもあった。物を噛《か》む力は恐竜（54ページ）のティラノサウルス（学名：Tyranosaurus rex）を上回る18万2000N（ニュートン。約1万8564kg重）と推定されるが、これは最大級のホホジロザメ（学名：

Carcharodon carcharias）の10倍に相当する力だ。

化石だけでは放屁《ほうひ》するかしないか判断のしようがない。しかし、シロワニ（100ページ）などの現生のサメから推察すると、ムカシオオホホジロザメも浮力を調整するために「した」可能性が高い。ついでに推察すると、その巨体から放たれるオナラは空前のスケールだったはずで、およそ1590万年前の中期中新世《ちゅうしんせい》から後期鮮新世《せんしんせい》にかけて、ほぼ世界中の海を泡立てたに違いない。

file. 77

ウォンバット

分類：ウォンバット科

オナラ　する・しない

【臭くてつらい幼児期】

ウォンバットは鼻の特徴によって2つのグループに分かれる。ひとつは、鼻の表面に毛が生えていないヒメウォンバット属1種。もうひとつは、鼻の表面が毛で覆われているケバナウォンバット属2種だ。3種とも、オースト

ラリア固有の植物食性の有袋類《ゆうたい》で、その点はコアラ（158ページ）と同じである。同じでないのは地中の巣穴で過ごすのを好むことだ。餌《えさ》を求めて地表に顔を出すのは、たいてい夜間である。ウォンバットは穴暮らしに適した穴居性《けっきょせい》の動物で、ほかの有袋類とは違って育児嚢《のう》が後ろ向きに付き、オナラの出口に向かって開いている。そのおかげで外敵からジョーイ（幼獣）を守り、穴を掘っても嚢の中に土が入りにくい。しかし、ジョーイにとっては災難だろう。この位置に育児嚢があると、母親のオナラをもろに嗅《か》ぐはめになる。ウォンバットの放屁《ほうひ》は研究例がないが、消化管の仕組みはコアラに似ていて、後腸《こうちょう》で発酵《はっこう》を行い、消化器に食物が長くとどまる。従ってオナラ事情もコアラ似と考えられる。ウォンバットの赤ちゃんには臭くてつらい幼児期になりそうだ。

file.78

イボイノシシ

分類：イボイノシシ属《ぞく》

オナラ する・しない

【『ライオンキング』とは大違い】

現生する2種はサバクイボイノシシ（学名：Phacochoerus aethiopicus）と、広域に分布する代表種のイボイノシシ（学名：Phacochoerus africanus）で、どちらもアフリカのサハラ砂漠よりも南に生息する。イボイノシシは人気のアニメーション映画で「屁こき動物」として描かれ、実際も確かに屁をこく。しかし、実物のイボイノシシはガスを量産するわけでも、最強の悪臭を放つ（78ページのアザラシ&アシカを参照）わけでもない。むしろ、その逆だ。

イボイノシシは基本的に植物を食べるが、植物が不足する時期は昆虫《こんちゅう》や動物の死体を食べることがある。植物食は大量のガスを発生させる。しかし、イボイノシシは単胃《たんい》の後腸発酵《こうちょうはっこう》動物で、腸内フローラが充実しているから、セルロースを効率的に分解できる。最近の研究でイボイノシシ1頭が出すメタンの量はキリン（70ページ）の50分の1、ゾウ（46ページ）の26分の1、シマウマ（52ページ）の5分の1にすぎないことが判明した。

file. 79

ハムスター

分類：キヌゲネズミ科

オナラ

する・しない

【お腹のはりに要注意】

現生するハムスターは26種で、ヨーロッパ、アジア、中東に分布する。ハムスターの人工繁殖が成功したのは1930年代に入ってからだ。当時、動物学者のグループがゴールデンハムスター（学名：Mesocricetus auratus）の親子を発見し、研究室に持ち帰ったところ、あっという間に繁殖《はんしょく》したという（ハムスターの妊娠期間はたったの18日！）。ゴールデンハムスターはシリアンハムスターとも呼ばれ、ペットとして人気の5種のなかでも、とくに人気が高い。飼育されているハムスターは数百万頭に上るが、野生ではわずか2500頭未満になってしまった。

ハムスターは放屁《ほうひ》する。飼い主たちの報告によると、ガスだまりを防ぐにはキャベツなど特定の食品を避けたほうがいいらしい。このげっ歯類は腹がはりやすく、余分なガスは体に悪いのだ。餌《えさ》はハムスターの健康と習性を維持するのに重要であり、さまざまな穀物や野菜を与えて栄養バランスを取る必要がある。飼ったことがある人は想像できるはずだが、ハムスターは食糧難に備えて頬袋《ほおぶくろ》に餌を含み、巣の中に蓄える習性がある。ゴールデンハムスターの頬袋はとくに大きく、頬から腰にかけて広がる。頬袋が満杯になると、頭部も2~3倍に膨らむのだ。

*file.*80

ヒト

学名：Homo sapiens

オナラ　する！　しない

【誰でも毎日20発】

本書の読者なら、ヒトが放屁《ほうひ》する霊長類《れいちょうるい》であることに疑いはないはずだ。しかし、ほかの霊長類と違うのは放屁に感情が伴うことではないだろうか。恥じらい、戸惑い、不快になることがあれば、喜びやシャーデンフロイデ（人の不幸を楽しむ心理）や幸せすら感じることもある。

ヒトが昔からオナラに魅せられてきたことは神話や伝承を見ても明らかだ。例えば、

日本の昔話に出てくる水の妖怪カッパは勢い良く屁を噴射する。カナダ先住民であるインヌ族の神話には「オナラびと」を意味する尻の神様が登場し、ユーモアとたくましさと予知能力を発揮する。ダンテの名作『神曲』には、悪魔が「尻のラッパ」を合図にする場面がある。

自分がオナラをしたのに、誰かのせいにする不届き者は後を絶たない。たいていはペットのイヌ（110ページ）が濡《ぬ》れ衣《ぎぬ》を着せられる。しかし、ヒトは例外なくオナラをする。毎日する。通常は日に10～20発だが、50発に達する場合もある。ほかの動物と同じで繊維質《せんいしつ》をたくさん摂ると回数が増えるのだ。

は開口部が一つしかない内臓器官を指す。

<や行>

有袋類【ゆうたいるい】

有袋目の哺乳類《ほにゅうるい》の総称。オーストラリアと南北アメリカに生息する。ほかの哺乳類とは異なり、育児嚢《のう》の中で子育てをする。

有蹄類【ゆうているい】

蹄《ひづめ》のある哺乳類の総称。

有毒動物【ゆうどくどうぶつ】

他動物に有害物質を注入（噛む、刺すなど）しうる動物。

<ら行>

霊長類【れいちょうるい】

霊長目の哺乳類の総称。原猿《げんえん》、類人猿、ヒトを含む。大脳が発達し、手足にものをつかむ力があるのが特徴。

※編注　用語集は180ページからです。

糞嚢【ふんのう】

クモの消化管の終末部で、袋状の器官。内容物を脱水する。

分類群【ぶんるいぐん】

生物分類階級（種、属、科など）に属する生物群。

抱接【ほうせつ】

カエルが繁殖《はんしょく》するときの姿勢。オスがメスの背後から抱きつき、メスの産卵に合わせて放精する。

糞粒【ふんりゅう】

幼虫の糞便《ふんべん》。

<ま行>

無脊椎動物【むせきついどうぶつ】

脊髄《せきずい》のない動物。

メタン【めたん】

天然ガスの主成分。温室効果ガスのなかで、とくに影響が大きいとされる。化学式はCH_4。

盲腸【もうちょう】

小腸から大腸への移行部にある袋状の部分。ちなみに「盲管《もうかん》」

発酵【はっこう】

微生物が有機物を化学的に分解する過程。

片側横隔膜【かたがわおうかくまく】

横隔膜の半分。

反芻食塊【はんすうしょっかい】

部分的に消化された食物。反芻動物はこれを口に戻して噛み直す。「食い戻し」ともいう。

反芻動物【はんすうどうぶつ】

４室に分かれた胃をもつ哺乳類の総称。第一胃で部分的に消化した食物を噛み直し、再び飲み込んで消化する。

非反芻動物【ひはんすうどうぶつ】

草食性動物のなかで４室に分かれた胃をもたず、食い戻しをしない動物群。

腹部【ふくぶ】

脊椎《せきつい》動物の体では消化管を含む部分。脊椎のない節足動物においては胸部（「胸部」参照）に続く部分を指す。

分岐群【ぶんきぐん】

共通の祖先から進化した生物群。

動物学者【どうぶつがくしゃ】

著者の２人のようなすばらしい人たち。動物について研究する。

<な行>

乳酸【にゅうさん】

有機酸のひとつ。おもに無酸素運動により筋肉の細胞内で産生される。激しい運動により体内が酸性化すると、筋肉の機能が一時的に阻害されて疲労の防止につながる。

ニュートン【にゅーとん】

力の単位。１N（ニュートン）は１kgの物体に１m毎秒毎秒（１ m/s^2）の加速度を生じさせる力。

尿素【にょうそ】

窒素《ちっそ》を含む有機化合物。生体の代謝による副産物。

嚢【のう】

液体を含む袋。

<は行>

背面【はいめん】

動物の胴体の背骨のある側。

繊毛【せんもう】

微小な毛状の細胞器官。

総排出腔【そうはいしゅつこう】

消化管の末端で、脊椎動物に多く見られる。ここを通って糞尿の両方が排出され、種によっては精子や卵子も放出される。「総《そう》排出口《はいしゅっこう》」はその開口部。

＜た行＞

代謝【たいしゃ】

生命の維持に欠かせない生化学反応の総称。

中新世【ちゅうしんせい】

地質時代の年代区分のひとつ。約2300～5000万年前。

腸内フローラ【ちょうないふろーら】

腸の中に存在する細菌全体。腸内細菌叢《そう》ともいう。

頭足類【とうそくるい】

軟体動物の一綱でタコやイカが属する。

動物学【どうぶつがく】

動物や動物の生態を研究する学問。

人為【じんい】

人間のしわざ。

生殖腺【せいしょくせん】

生殖細胞をつくりだす器官。一般に、精巣、卵巣を指す。

水管【すいかん】

軟体動物に見られる環状の組織。水や空気の出入口。

脊椎動物【せきついどうぶつ】

脊髄《せきずい》のある動物。

節足動物【せっそくどうぶつ】

無《む》脊椎《せきつい》動物の一門。外骨格《がいこっかく》、体節《たいせつ》、対になった肢《あし》が特徴。昆虫類、クモ類、甲殻類《こうかくるい》を含む。

セルロース【せるろーす】

植物の細胞壁の主成分。

鮮新世【せんしんせい】

地質時代の年代区分のひとつ。約500～250万年前。

前胃【ぜんい】

消化管のなかで、口にもっとも近い前方部。

剛毛　**【ごうもう】**

一部の生物に見られる毛状突起《もうじょうとっき》。

古細菌　**【こさいきん】**

単細胞生物のひとつ。細菌に近いが、細胞構造が異なる。

個虫【こちゅう】

群体を構成する生物の個体。

固有種【こゆうしゅ】

特定の限られた地域に生息する種。

＜さ行＞

消化液　**【しょうかえき】**

摂取した食物を消化する液体。唾液《だえき》など。

ジョーイ【じょーい】

有袋類《ゆうたいるい》（とくにカンガルー）の幼獣。

食道【しょくどう】

食物を口から胃に送り込むための器官。

<か行>

括約筋【かつやくきん】

環状の筋肉で、肛門などの開口部を閉じる作用をする。

胸部【きょうぶ】

脊椎《せきつい》動物においては肋骨《ろっこつ》に囲まれた部分で、頸部《けいぶ》と腹部の間に位置する。昆虫では、肢《あし》と翅《はね》が生えている部分を指す。

偽反芻動物【ぎはんすうどうぶつ】

反芻類と同様の前胃《ぜんい》発酵《はっこう》動物。ただし、反芻類の胃が４室あるのに対し、偽反芻動物の胃は３室しかない。

穴居性【けっきょせい】

穴に居住すること、または穴に居住するのに適していること。

結腸【けっちょう】

大腸の主要部分で、内容物の水分や栄養分を吸収する。

嫌気【けんき】

酸素が介在しないこと。

後腸【こうちょう】

消化管のなかで肛門や総排出口《そうはいしゅつこう》に近い終末部。

用語集

<あ行>

亜種【あしゅ】

生物分類の「種」の下の階級。

アロモン【あろもん】

異種生物の個体の行動に作用する化学物質。分泌《ぶんぴつ》した側に有利に働く。

ウシ科【うしか】

哺《ほ》乳綱鯨偶蹄目《にゅうこうくじらぐうていもく》に属する科。この科の動物は枝分かれしていない角が特徴。

エコロケーション【えころけーしょん】

音波を使って対象物の位置を知ること。コウモリ、イルカ、一部のクジラが用いる。

横隔膜【おうかくまく】

胸腔《きょうこう》と腹腔《ふくこう》を区切る膜状の筋肉。哺乳類に特有。

大型動物相【おおがたどうぶつそう】

肉眼で見える大きさの動物群。

イワン・ダウム	(@ivandaum)
ジェフ・クレメンツ	(@biolumiJEFFence)
ジェニー・ガム	(@jennygumm)
ジョン・スムコ	(@Smutt235)
ジュリー・ブロマート	(@Julie_B92)
ジュリー・ライト	(@indik)
ジュリアン・ファッテバート	(@FattebertJ)
キム・ケネディ	
ローレン・ロビンソン	(@Laurenmrobin)
ルイス・バートレット	(@BeesAndBaking)
レア・マック	(@tecklen)
マーク・シェルツ	(@MarkScherz)
マイケル・リード	(@mjcreid)
ナディーン・ガブリエル	(@NadWGab)
ネイティック・ボブキャット	(@NatickBobCat)
ノア・ミュラー	(@mbystoma)
レイチェル・ヘイル	(@_glitterworm)
サラ・マカナルティー	(@SarahMackAttack)
セルジオ・エンリケス	(@SS_Henriques)
スロス・サンクチュアリー	(@SanctuarySloth)

※アカウントは2017年の原書出版時のものです。

謝辞

——情報を提供してくださったみなさん——

ツイッターのサイエンス・コミュニティーに、そして今回の一大科学プロジェクトに協力してくれた動物のエキスパートたちに心からありがとう。

氏名／ユーザー名	(@ツイッターアカウント)
アドリアナ・ロウ	(@adriana_lowe)
アディティア・ガンガダーラン	(@AdityaGangadh)
アレックス・ボンド	(@TheLabAndField)
アレックス・エヴァンス	(@alexevans91)
エイミー・シュワルツ	(@lizardschwartz)
アンジー・マーシャス	(@HereBeSpiders11)
アンソニー・カラヴァッジ	(@thonoir)
アルジュン・ディアー	(@ArjDheer)
レベッカ・クリフ	(@beckycliffe06)
ブライアン・ウォルベン	(@brianwolven)
カリーナ・グゾットバウアー	(@CarinaDSLR)
カサンドラ・レイビー	(@Cassie_Raby)
クリス・コンロッド	(@edosartum)
クリス・ペレッキア	(@SquamataSci)
デイヴィッド・ヘンプリク＝ベネット	(@hammerheadbat)
デイヴィッド・スティーン	(@AlongsideWild)
エレン・ホールディング	(@pakachusus)
エリン・ケイン	(@Diana_monkey)
グレゴール・ケイリンカット	(@gkalinkat)
ヘレン・オニール	(@hmk_oneill)
ヘレン・プライラー	(@SssnakeySci)
イモージン・カンチェラーレ	(@biologistimo)

■著者
ダニー・ラバイオッティ（Dani Rabaiotti）
ロンドン動物学会とユニバーシティ・カレッジ・ロンドンにて動物学や生態学、アフリカに生息するリカオン（最高にカワイイ動物！）を研究中。イギリスのバーミンガム出身で地元をこよなく愛する。幼いころから動物や動物の習性に少なからぬ興味をもち、少女時代はカニが一番好きな生き物で海洋生物学者になるのが夢だった。動物の放屁が好奇心のアンテナにかかったのは最近のことだが、科学や動物を学ぶ機会を見逃すことはできず、リサーチに没頭し、本書を書き上げた。出版が決まったことを家族に話すと、父親は共著者の苗字がイタリア系であることを何よりも喜んだとか。2019年に博士課程を修了する予定。

ツイッター @DaniRabaiotti

ニック・カルーソ（Nick Caruso）
アメリカのアラバマ大学で生物学の博士号を取得。現在はバージニア工科大学の博士研究員として主にアメリカサンショウウオを研究している。ミズーリ州セントチャールズで生まれ育ち、少年時代は兄弟とともに森や川で両生類や爬虫類を捕まえて遊んだ。動物の放屁は専門外であり、ライフワークになるとは夢にも思っていなかったが、昔からオナラのジョークが好きで、共著者のダニーと同じく向学心がくすぐられ、本書の出版に至った。執筆にあたって下調べをしたときは動物の放屁と適応力に改めて感動したという。

ツイッター @PlethodoNick

■イラストレーター
イーサン・コサック（Ethan Kocak）
ウェブコミック『Black Mudpuppy』（www.blackmudpuppy.com）で知られる漫画家、イラストレーター。科学系の出版物を数多く手がけ、両生類と爬虫類を得意のモチーフにしている。ニューヨーク州シラキュースで妻、息子、珍種のサンショウウオたちと暮らす。

ツイッター @Blackmudpuppy

■訳者
永井二菜（ながい・にな）
主な訳書に『イベントトレーディング入門』『月と幸せ ムーンスペルズ』『ザ・ゲーム 4イヤーズ』（パンローリング）、『人生を変える、お金の授業』（PHP研究所）、『こんな男とつきあってはいけない』（アスペクト）、『夫婦仲の経済学』『これが答えだ！ 人生の難題をことごとく乗り越える方法』（CCCメディアハウス）など。映像翻訳や海外タレントのインタビュー等も担当。東京都在住。

2019年2月3日 初版第1刷発行

フェニックスシリーズ ㉜

動物学者《どうぶつがくしゃ》による世界初《せかいはつ》の生《い》き物《もの》屁《へ》事典《じてん》
――ヘビってオナラするの?

著　者　ニック・カルーソ、ダニー・ラバイオッティ
訳　者　永井二菜
発行者　後藤康徳
発行所　パンローリング株式会社
〒160-0023　東京都新宿区西新宿7-9-18 6階
TEL 03-5386-7391　FAX 03-5386-7393
http://www.panrolling.com/
E-mail　info@panrolling.com
装　丁　パンローリング装丁室
印刷・製本　株式会社シナノ

ISBN978-4-7759-4207-9